名医话健康丛书

— 广东省中医院公开汤方 —

女性对症靓汤

王小云 / 主编

国家中医药领军人才“岐黄学者”

教授、博士生导师、博士后合作导师

SPM 南方出版传媒

广东科技出版社｜全国优秀出版社

·广州·

图书在版编目（CIP）数据

女性对症靓汤 / 王小云主编．—广州：广东科技出版社，2020.9

ISBN 978-7-5359-7461-7

Ⅰ．①女… Ⅱ．①王… Ⅲ．①女性—保健—汤菜—菜谱 Ⅳ．① TS972.122

中国版本图书馆 CIP 数据核字 (2020) 第 065033 号

女性对症靓汤

Nüxing Duizheng Liangtang

出 版 人：朱文清
策划编辑：高　玲
责任编辑：高　玲　方　敏
封面设计：十一
内文设计：姝甄文化
图片提供：姝甄文化
责任校对：廖婷婷
责任印制：彭海波
出版发行：广东科技出版社
（广州市环市东路水荫路11号　邮政编码：510075）
销售热线：020-37592148 / 37607413
http：//www.gdstp.com.cn
E-mail：gdkjzbb@gdstp.com.cn（编务室）
经　　销：广东新华发行集团股份有限公司
印　　刷：广州市彩源印制有限公司
（广州市黄埔区百合三路 8 号　邮政编码：510700）
规　　格：787mm×1 092mm　1/16　印张12　字数250千
版　　次：2020年9月第1版
2020年9月第1次印刷
定　　价：49.90元

“名医话健康丛书”编委会

《女性对症靓汤》编委会

主编 王小云

副主编 黄旭春 杜巧琳 刘　建 曹晓静

编委 叶润英 陈　玲 成芳平 聂广宁

曾玉燕 朱静妍 王古菊

总序

中医药学是中华民族的瑰宝，作为中华民族原创的医学科学，在数千年的发展中，积累了丰富的防病治病方法和经验，“治未病”是其中的一大特点，注重“未病先防、既病防变、瘥后防复”，形成了独具特色的健康养生文化：天人合一的整体观念、阴阳平衡的动态原则、三因制宜的辨证论治、治未病的养防观、形神同治的调护理念、个体化的治疗方法、多样化的干预手段。这些文化观念和养生保健方式深深地融入人们的日常生活。

广东省中医院是我国近代史上最早的中医医院之一，被誉为“南粤杏林第一家”，有国医大师、全国名中医、岐黄学者、广东省名中医等一批德艺双馨、老百姓喜爱的好医生。他们是健康科普的主力军。“名医话健康丛书”凝聚了该院众多优秀专家教授的多年临床所得，以“治未病”的理念科普中医药文化。他们顺应时代变化和社会需求，以通俗易懂的方式给老百姓阐述了中医药学理、法、方、药背后的中华文化之道，提倡运动养护、精神修养、饮食调养及药物扶正、起居调摄、谨避外邪，告诉人们“不生病、少生病”的健康之道。

本丛书注重自我的健康行为约束和生活方式管理，对中医药健康养生智慧、健康理念和知识方法做了认真总结。老百姓能在书中学会如何运用中医药知识干预自我生活来控制危害，使疾病预防关口前移；了解如何运用“治未病”理念，具体的技术方法包括中医药膳、中医运动养生、常用的经络穴位按摩保健等，发挥中医药在“治未病”中的主导作用。

健康是幸福的基石，没有全民健康就没有全面小康。尤其经历过2003年SARS和2020年新冠肺炎疫情，人们对生命安全和身体健康要放在首位的认识更加深刻。推进健康中国建设，需要充分发挥中医药独特优势，提高中医药的服务能力，将中医药独特优势与个体化健康管理结合，发展中医药养生保健“治未病”服务，实施中医药“治未病”健康工程。中医药文化科普更是中医药参与健康中国建设的一个重要抓手和实际行动。通过客观科学的宣传引导，培育老百姓健康观念和健康习惯，这对于促进全民健康有着重要的意义。

我们希望，《名医话健康》丛书的出版能够让广大读者了解并掌握中医药防病治病的基础理论与技能，推广养生保健知识，让“治未病”的理念深入人心。该套丛书内容丰富，读之受益，必将在弘扬中医药文化中发挥重要作用、在落实健康中国行动中发挥积极的作用。

陈达灿　翟理祥

2020年8月

序

女性的一生，是爱与美凝聚的一生。但在越来越快的社会发展节奏中，女性难免有疲于奔命的时刻，也常常感觉心慌焦虑。由于生理原因，女性朋友要经历一些特有的艰难，应对人生“经、带、胎、产、乳”的各种阶段，从稚龄可爱的小女孩到年过百岁的人生各个阶段之中，都有可能被各种影响健康的因素困扰。

青春期发育之后，女性就有可能与痛经的症状相伴；青年时期，女性还有可能出现月经疾患，并更注重容颜，会对自己皮肤上长不长痘痘、脸色好不好、形体胖不胖充满关注；组建家庭后，女性面临生育课题，怀孕阶段可能出现眩晕、焦虑睡不好觉；孩子出生之后，婴幼儿每隔几个小时的喂养需求又剥夺了女性的睡眠。

度过需要投入大量心力的养育幼儿阶段后，女性又要马上返回职场，可能面临职场和家庭冲突的压力。中年后，女性的体力渐渐下降，此时孩子的年龄不大，家中老人也许身体不佳，还需担负着照顾老人的工作。工作上渐趋成熟，事业上的压力将会慢慢到来。此时，面容也开始渐渐憔悴，女性又会担心能否给另一半悦人的容颜，是否会有年轻漂亮的女性吸引自己的另一半。家庭和工作千头万绪，夫妻关系经历多年之痒，也可能让女性疑病丛生。众多压力的盘桓下，各种妇科病也许会悄悄地找上门来。

也许孩子终于渐渐长大了，职业道路终于有了稳固的成绩，房子、车子等物质上面的焦虑可以稍稍缓释的时候，女性又渐渐地迈入了更年期。陪伴了大半生的“大姨妈”倏然离开，它也宣告着女性的身体开始衰老。越来越快的生活和工作节奏给女性带来更多不良情绪，使越来越多的女性难以静心，失眠、焦虑、抑郁、惊恐等状况频发，最终疾病随之而来。

针对上面提及的各种问题，王小云全国名老中医药专家传承工作室、岭南中医妇科流派、广东省中医院的妇科名家共同写作了本书。书中讲述了女性朋友的形体、头发的调养方法，兼顾美容及更年期、对症不孕、妇科疾病等八大健康问题。此外，书中图文并茂地介绍了超过100道女性对症靓汤。这些汤方，材料组合独特，却寻常易找；味道丰富可口，且疗效显著；充分发挥佐餐、养生、未病先防、既病防变的功效；更让喜欢“汤水”的人，在一碗 “女性对症靓汤”中喝出温情的同时，更喝出岭南医者的情怀。

王小云

2020年8月

目录

一、月经篇

二、美容篇

1 痤疮

2 黄褐斑

3 皮肤黏膜干燥，易起皱纹

4 黑眼圈，眼睛浮肿及眼袋

三、头发篇

白发

四、孕期篇

五、不孕篇

六、产后篇

1 月子

2 产后

八、妇科篇

一、月经篇

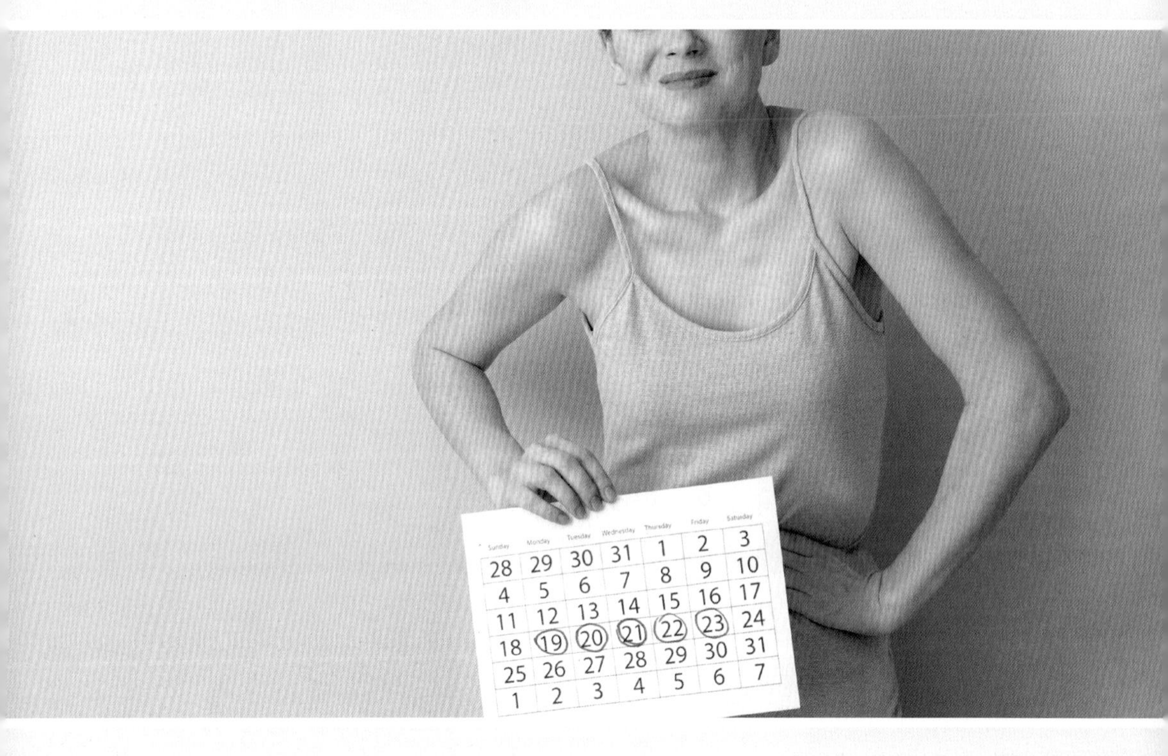

1 月经失调

2 痛经

3 经前期综合征

月经俗称“大姨妈”是与我们女性相伴几十年的亲戚，如果和她的关系处理得不好，那么，我们的皮肤状态、身体健康等都会受到影响。想要有一个好的健康状态，我们需要关注的不仅是来月经的那几天。在大姨妈没来之前，我们要做好一系列准备，让月经通畅。体内的垃圾能及时排除就可以让衰老推迟，这可比化妆和整容都要好。

1 月经失调

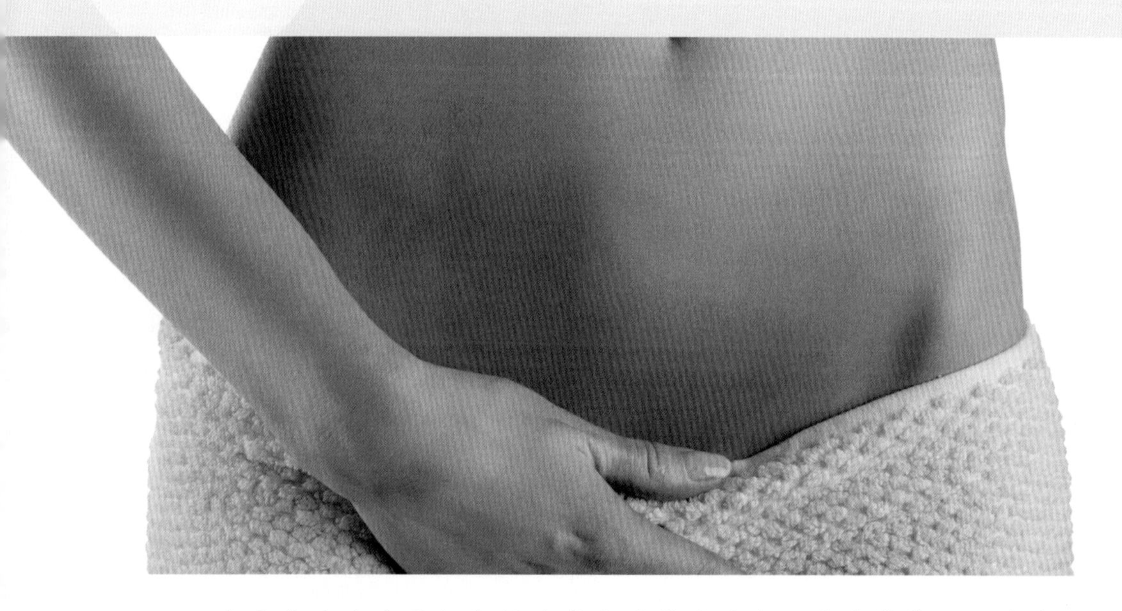

大部分女人在月经期间过多和过量地吃自认为有营养，可是身体不需要的东西，于是我们的身体会出现异常，比如口臭、口苦、睡眠多梦等。有些人会感到奇怪，月经来时身体不断出血，难道我们不需要补充营养吗？当然需要，只是依据自身体质进行合理的调理和补充，才是最佳进补方式。是不是跟你之前所了解到的不一样呢？

女性正常的月经周期一般是28~30天，经期是2~7天，每次月经量为30~80 mL（以每包日用卫生巾10条计算，每月月经量超过2/3~1包卫生巾），经色红，初时较浅，量多时经色较鲜，将净时渐淡。一些女性因内分泌失调而出现月经不调疾病，常见的有月经过多、月经过少、经期延长等。月经过多者表现为月经量明显增多，超过80 mL或比平时正常经量多1倍以上，但能在一定时间内自然停止，连续2个周期或以上。月经过少者表现为月经量明显减少，不足30 mL，或少于平时正常经量的1/2，或行经持续时间仅l~2天，连续2个周期或以上。经期延长者的每次月经持续时间在7天以上，但一般在15天内能自然停止，月经尚有一定的周期。在月经到来时，我们只要根据月经的规律给予能量就好。

1.1

月经过少，夜用卫生巾根本是摆设

方一 川芎鸡蛋汤

功效

活血化瘀
调经

对症 月经量少，血色发暗（如樱桃果酱样暗）；
冬季手脚发凉

● 川芎

● 红糖

材料

川芎	8 g
鸡蛋	2个
红糖	适量

禁忌

口干咽燥、睡眠多梦、心烦易怒者不宜食用。

烹饪方法

将川芎、鸡蛋放入锅中，加清水3碗同煮，鸡蛋熟后去壳再煮片刻，去渣加红糖调味即成。

贴士

● 红糖适量即可，不要放太多。

● 可在月经前1周开始服用至月经干净时停止，每天1次，可连续服用2~3个月经周期。如果月经量恢复正常，手脚发凉不适表现改善就可停服。该款汤味道可口，家人符合症状也可服用。

方二 首乌黄芪鸡汤

功效

补益气血
调理脾肾

对症 容易疲劳，月经期更明显

材料

乌鸡肉	200 g
制首乌	5 g
黄芪	15 g
红枣	10个

禁忌

阴虚体质者不宜服用黄芪；黄芪服用过多容易上火，可能出现睡眠质量变差、咽痛以及心情烦躁等症状。

红枣

黄芪

烹饪方法

将黄芪、制首乌洗净，用棉布袋装好，封口；红枣去核后洗净；乌鸡肉洗净，去脂肪，切成小块。把全部用料一起放入砂锅内，加清水6碗，武火煮沸后，文火煮1.5小时，去药袋后，调味即可。

贴士

- 这个汤补益气血效果明显，但不要急功近利，不要一次吃太多。
- 月经期服用，月经干净时停服，经期疲劳感觉消失后可再服用1~2个月经周期，以巩固效果。该款汤味道可口，家人亦可服食。

1.2 月经过多，需要夜用卫生巾加防漏垫

方一 益母草瘦肉汤

功效

疏肝理气
化瘀调经

对症 月经量特别多

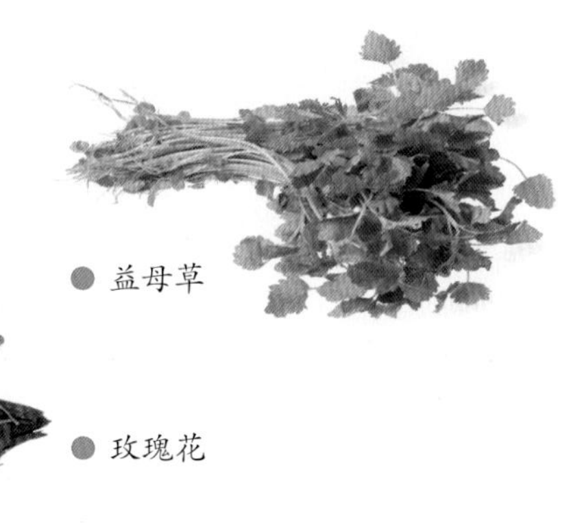

● 益母草

● 玫瑰花

材料

猪瘦肉	250 g
益母草	15 g
陈皮	10 g
玫瑰花	10朵

禁忌

益母草有增加孕妇流产的风险，所以不建议孕妇食用益母草。

烹饪方法

猪瘦肉洗净，切件，汆水。将益母草、陈皮、玫瑰花洗净，与猪瘦肉一起放入锅中，加清水3碗，大火煮开，转小火慢煮30分钟，最后放盐调味即可。

贴士

- 新鲜的益母草煲汤后可以作菜食用。
- 月经前期服用，隔天一次，连续服用3~4个月经周期以配合治疗，如果月经量恢复正常则可停服。该款汤味道可口，适合家中女性服食。

方二 三七生姜猪蹄汤

功效
健脾和胃
活血调经

对症 月经量多，经血颜色发暗，夹有血块

材料

三七粉 3 g
生姜 15片
猪蹄 250 g
蜜枣 2个

蜜枣

三七

烹饪方法

将猪蹄洗净，放入沸水中煮2分钟，捞出，过冷河（即在凉开水中稍浸一下），斩块，与洗净的生姜、蜜枣一起放入锅内，加清水6碗，文火煮1小时。放入三七粉，调匀，调味后饮用。

禁忌

三七有活血散瘀的功效，不可多食。

贴士

- 新鲜的三七叶有散瘀止血、消肿止痛的作用。
- 在经前每隔3天服食1次以配合治疗，月经期隔天服食1次，待月经恢复正常后逢月经期隔天服食1次，连续服用2个月经周期。该款汤味道微辣，家人符合症状表现亦可服用。

1.3

月经间隔期大于35天

方一 当归羊肉汤

功效

气血双补
助阳调经

对症 月经间隔期长，容易疲劳

材料

羊肉(瘦) 700 g

当归 15 g

黄芪 30 g

红枣 10 g

生姜 5片

当归

黄芪

烹饪方法

将洗净的羊肉切成块，用开水烫一下，除去血沫。羊肉块放入锅中，加清水6碗，放入生姜、当归、黄芪、红枣，煮沸后改用文火煲1.5小时左右，加入糖、盐、鸡精、味精，搅拌均匀，再用文火煮15分钟左右即可。

禁忌

容易长痤疮、口腔溃疡者不宜食用。

贴士

● 羊肉的气味比较膻。除膻的方法：在煲汤时加入桂圆肉10~15颗，或加入3~4节破开的竹蔗一起煮，即可除膻味。

● 女性在冬天服食当归羊肉汤，可养血调经，养颜美容。月经前1周至月经期可连续服食，每天1次，月经正常，面色红润，疲劳感觉消失后可停服。该款汤味道鲜美可口，冬天家中女性或老人如符合症状表现也可服食。

方二 肉苁蓉瘦肉汤

功效
温补肾阳
大补元气

对症 月经期间隔长，容易怕冷

材料

肉苁蓉 3 g

猪瘦肉 150 g

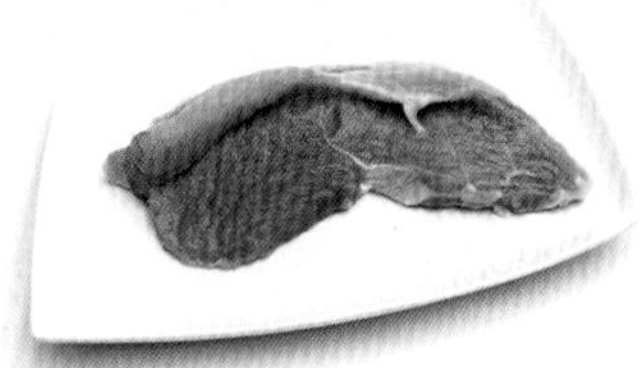
猪瘦肉

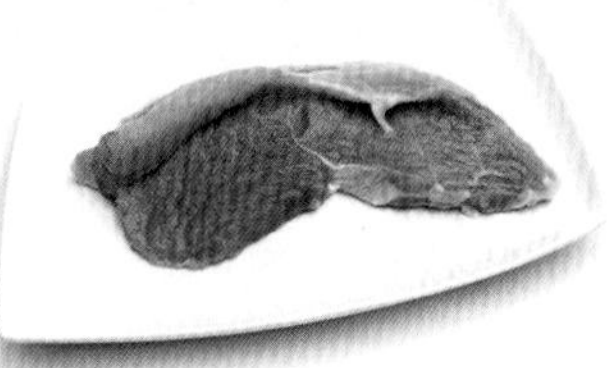
肉苁蓉

禁忌

手心、脚心发热，心烦，多梦的人不适宜服用。

烹饪方法

将猪瘦肉洗净，切小块；肉苁蓉洗净。将用料放入炖盅，加清水1.5碗，隔水炖2小时，加精盐调味即成。

贴士

● 肉苁蓉是一种名贵的中药，生长在沙漠之中，有“沙漠人参”之美誉，具有补肾壮阳，补益精血，养血润燥，悦色延年等作用。肉苁蓉补肾而不伤阴，药效比较缓和。对男性的阳痿、早泄、遗精、滑精；对女性的宫寒不孕、性欲冷淡等，都有较好疗效。

● 肾阳亏虚，身体、四肢怕冷的女性可在冬天隔天进补1次；夏天上述表现明显者亦可服食。隔3天服食1次，上述表现改善后可停服。该款汤美味可口，儿童及青春期的孩子没有对应症状表现者不宜服食，以免上火。

痛经 2

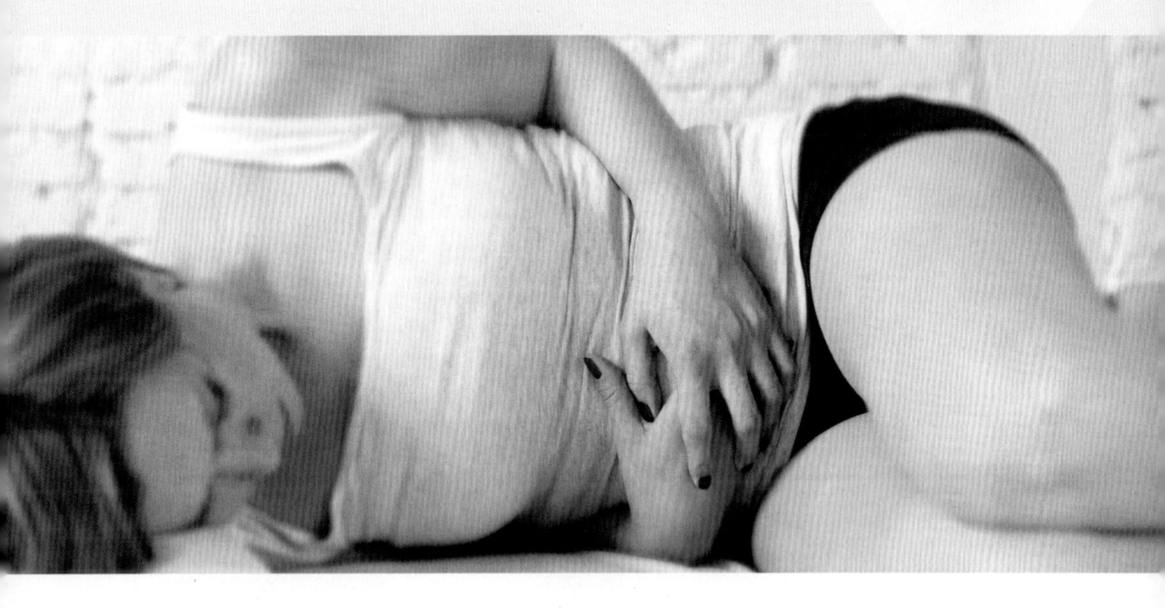

对于痛经的女子而言，当“大姨妈来敲门”时心情特别复杂，开心的是她准时光临，不快的是那种每时每刻的疼痛感真的难以忍受。

日常我们应该怎么做才可以与“大姨妈”愉快相处，从而减少痛经的骚扰呢？第一，不要生气，保持愉快的心情。人体的气血循环有自己的特点，只要它正常工作就没有问题，但怒气会扰乱身体这条循环的路线或影响其通畅程度。第二，不要受凉，在冬天室外和夏天的空调房内要注意保护腰部、腹部，不要吃温度低的食物（雪糕、冷饮）和凉性的食物（苦瓜、海带）。受凉会让人体血液循环系统的血流速度放缓。第三，平时不要让自己太累，不必要的加班、熬夜要少一些，量力而行。身体疲劳则能量不足，人体本身的气血循环系统也就容易出现问题。

2.1 经前乳房胀，发怒，放屁多

方一 木耳佛手瓜汤

功效

理气
止痛
调经

对症 痛经；
乳房胀痛

材料

黑木耳	30 g
佛手瓜	2个
猪瘦肉	250 g
无花果	2个

● 无花果

● 佛手瓜

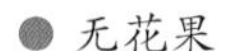

烹饪方法

将佛手瓜洗净切块，与洗净的黑木耳、瘦肉、无花果一起放入锅中，加清水5碗，武火煮沸后改用文火煲1小时左右，调味即可食用。

禁忌

血糖偏高的人不宜食用过多的无花果。

贴士

● 水不要放太多，煮佛手瓜时，果肉中的水会出来。

● 经前1周开始服食，至月经期第3天可停服，每天1次，可连续服用3个月经周期。该款汤味道比较甘润，适合全家服食。

方二 砂仁猪肚汤

功效

行气止痛
和胃调经

对症 痛经；
平时容易情绪化

材料

砂仁	5 g
素馨花	5 g
猪肚	100 g
胡椒末	适量

砂仁

素馨花

烹饪方法

将猪肚用热水洗净，刮去内膜，去除气味，与素馨花一起放入锅中，加清水6碗，烧沸后文火煮约1小时，放入砂仁、适量胡椒末，盖上锅盖再煮3 ~5分钟，调味后饮汤吃肉。

禁忌

平时容易口干舌燥、排便不畅的人不宜多吃。

贴士

● 将砂仁用布包好，用锤子之类的东西把砂仁砸碎，直接放入汤中即可。

● 素馨花对肝脏有很好的保护作用，能消除病毒对肝脏的伤害；它还有很好的美容养颜效果，传说在唐朝武则天喜欢用素馨花美容，从而获得不易衰老的诱人容颜。

● 月经前10天开始服食，每天1次，至月经来潮时可停服，连续服食3个月经周期。该款药膳汤非常养胃，适合全家服用。

2.2 脸色发青，肚子发凉，喜欢敷热水袋

方一 艾叶鸡蛋汤

功效

温宫驱寒
止痛调经

对症 月经来潮时，肚子发凉；经血发暗

材料

艾叶	10 g
鸡蛋	1个

禁忌

艾叶一定要放入开水中烫去苦涩味，以免影响口感。

鸡蛋

艾叶

烹饪方法

在锅中放水适量，煮沸后放入洗净的艾叶，烫去苦涩味，捞起。在锅中重新加清水2碗，水开后放进艾叶，煮10分钟，打入鸡蛋，调味即可食用。

贴士

- 肚子发凉症状好了以后就不要多吃了。
- 月经前3~5天开始服食，每天1次，连续服食3个月经周期。艾叶鸡蛋汤有比较浓的艾草味道，注意调味时盐不要下得太多。该款汤适合家里有宫寒表现的女性月经期间服用。

方二 老姜肉片汤

功效

驱寒
暖宫
止痛

对症 平时怕冷，月经期更明显；痛经者

材料

猪瘦肉	100 g
老姜	30 g
葱	适量

禁忌

生姜性辛温，属于热性食物，阴虚火旺、咽痛咳嗽、有痔疮者不宜食用。晚上吃姜会影响睡眠和消化，应尽量避免。

猪瘦肉

姜

烹饪方法

将猪瘦肉洗净，切成薄片，放入生油、精盐、芡粉适量，调匀；老姜洗净，切成薄片；葱切花备用。炒锅注入花生油烧热，放入老姜片爆炒至微黄，放入瘦肉片，爆炒至熟，倒入清水3碗，煮沸后改文火煮约5分钟，放入葱花，调味即可。

贴士

- 不要吃烂的生姜，因为腐烂的生姜含有毒性很强的物质，会损害肝脏；吃生姜最好不要去皮，以发挥姜的整体效果。
- 月经前3天开始服食，每天1次，连续服食3个月经周期。该款汤味道有些辛辣，家人符合症状表现亦可服用。

2.3 腰酸，头晕，容易忘事

方一 何首乌猪腰汤

功效

补益肝肾
调经止痛

对症 熬夜较多，痛经并需要卧床休息

材料

何首乌	10 g
猪腰	150 g
蜜枣	2个

何首乌

蜜枣

禁忌

何首乌不要和猪肉、血、无鳞鱼、葱、蒜一起吃；不要用铁锅煮；也不要和补铁药同服。萝卜会降低何首乌的药效。

烹饪方法

将何首乌、蜜枣和猪腰分别用水洗净，猪腰切片。将何首乌、蜜枣放入锅中，加入清水5碗，煮沸后改用文火煲约1小时，放入猪腰煮至熟透，加盐调味即可饮用。

贴士

- 清理猪腰时要注意把里面的腰臊切除干净，然后再用盐、油把猪腰反复搓揉，清洗干净，这样清洗出来的猪腰就比较干净，不带任何异味。

- 熬夜期间每天服食1次，以适当改善因熬夜给身体带来的损耗。不熬夜时可在月经前5天开始服食，每天1次，连续服食3个月经周期。该款汤中的何首乌味道有些苦涩，加蜜枣可以改善口感，适合家里的女性月经期间及老人服用。

方二 枸杞三七叶鸡蛋汤

功效

补肾活血
调经止痛

对症 月经有血块；
睡眠质量不佳

材料

鸡蛋	2个
枸杞子	15 g
三七叶	30 g

禁忌

枸杞子一般不宜和温热的补品如桂圆、红参、大枣等一起长期食用，以免增加燥热。

鸡蛋

枸杞子

烹饪方法

将枸杞子洗净，捣碎，放入锅中，加清水3碗，水煮沸后放入三七叶，煮熟，冲入鸡蛋花，放盐调味即可。

贴士

- 三七叶不要一早放进汤里，这样口感会比较好一些。
- 在月经前3天开始服食，每天1次，月经干净时便可停服，可连续服食3个月经周期。该款汤味道可口，适合家里女性月经期间服用。

3 经前期综合征

大家都听过一句话："女人总有那么几天……"这个说的就是女性的经前期综合征。

综合征是怎么个综合法呢？就是经前情绪异常、乳房胀痛、头疼、口腔溃疡……那么怎么预防呢？首先，最重要的就是不要生气，生气就是用别人的错误来惩罚自己，最后受伤的还是自己。如果忍不住还是生气了，那就及时处理掉它，找人倾诉、梳理一下前因后果、转移注意力等都是好方法。在"大姨妈"来临前可以多吃一些调气的药膳，喝玫瑰花茶就是不错的选择。其次，不要受凉，洗完头发后要吹干，不要去室外吹风，这样头疼的概率就要小很多。在饮食上也要注意，不要进补过度，要想进补可以等到"大姨妈"离开后再进行，而且要少吃辛辣等刺激性的食物，否则，小心口腔溃疡找到你哦！总之，对于经前期综合征的调理，日常饮食的控制、情绪的调节是非常必要的。我们也准备了一些靓汤食谱，专注地煲一款靓汤也是一种享受哦！

3.1 月经来潮前的情绪异常

方一 南瓜百合汤

功效

养心安神
增进食欲

对症 食欲不振；
心烦易怒；
失眠

○ 材料 ○

南瓜	300 g
百合	25 g
枸杞子	10 g
冰糖	30 g

● 南瓜　　● 百合

○ 烹饪方法 ○

南瓜去皮，切成小块，备用。百合洗净，分瓣，和南瓜块、枸杞子一起放入锅中，加清水3碗，煮沸，大约10分钟后放入冰糖，冰糖溶化后即可食用。

○ 禁忌 ○

百合性偏寒，体质虚寒、腹泻、脾胃虚寒的人不要多吃。

○ 贴士 ○

- 糖尿病患者可把南瓜制成南瓜粉，以便长期少量食用。
- 每天服食1次，至情绪、睡眠改善后可改为隔3天服食1次，至睡眠安稳即可停服，一般可连续服食1~2个月。该款汤味道非常甘甜可口，全家男女老少均可服食。

方二 麦枣排骨汤

功效

养心宁神
健脾益胃

对症 月经前容易情绪激动，心中烦乱，睡眠不安；
饭后腹胀

小麦

白萝卜

材料

小麦	100 g
红枣	5个
白萝卜	250 g
排骨	250 g

烹饪方法

小麦淘净，以清水浸泡1小时，沥干；红枣洗净；排骨洗净斩件，汆水，捞起洗净；白萝卜削皮洗净，切块。将所有材料放入锅中，加清水8碗，大火煮沸后转文火煲约40分钟，加盐调味即可。

贴士

- 白萝卜也称“莱菔”，具有消滞健胃的作用，有“土人参”之称。吃东西后易腹胀的可以多吃白萝卜，能健脾养胃，助消化。
- 月经前1周开始服食，每天1次，至月经来潮3天可以停服，可连续服食2~3个月经周期。家人出现对应症状，也可服用，每天1次，至情绪平稳、睡眠好转就可停服。该款汤美味可口，适合全家平时服食。

3.2

月经前乳房胀痛，但没有硬块

方一 陈皮豆腐汤

功效

理气健脾
有助消化

对症 经前乳房胀痛，下腹胀痛

材料

材料	用量
陈皮	15 g
豆腐	200 g
生姜	5 g
葱	5 g
精盐	5 g
素油	30 mL

禁忌

豆腐含嘌呤，痛风和结石患者不宜吃。

陈皮

豆腐

烹饪方法

把陈皮洗净，豆腐洗净并切成5cm方块，姜切片，葱切段。把炒锅置武火上烧热，加入素油烧至六成熟时，下入葱、姜爆香，注入清水5碗，放入陈皮，大火煮沸后，下入豆腐、盐，煮5分钟即成。

贴士

- 豆腐性偏寒，每天不能吃太多，也不要和蜂蜜一起吃，否则容易拉肚子；豆腐会影响人体对菠菜中铁的吸收，所以豆腐不要和菠菜一起吃。
- 月经来潮前10天开始服食，每天1次，至月经来潮乳房胀痛消失就可停服，可连续服食2~3个月经周期。该款汤味道可口，适合全家平时服食以调养身体。

方二 龟肉素馨花汤

功效

疏肝解郁
滋阴止痛

对症 经前乳房胀痛，伴心烦、眼干

材料

龟肉	250 g
素馨花	10 g
罗汉果	半个

素馨花

禁忌

龟肉不宜和酒、水果、苋菜一起吃。

烹饪方法

将龟肉洗净，切成小块，与洗净的素馨花、罗汉果一起放入砂锅，加清水8碗，先用武火烧开，再改用文火煲，至肉熟烂，加入味精、精盐调味即可，喝汤吃肉。

贴士

- 素馨花有疏肝解郁、生津益气、养肝明目、排毒养颜等功效，取素馨花做药膳时要掌握分量，量少味道清香，量多则味道苦涩。
- 月经前5天开始服食至月经来潮5天停服，每天1次，可连续服食3个月经周期。该款汤味道可口，适合全家平时服食。

3.3 月经前头痛，月经后头痛消失

方一 川芎鱼头汤

功效

活血行气
祛风止痛

对症 月经期头痛

鱼头

桂圆肉

材料

川芎	10 g
鱼头	1个（大鱼头半个）
生姜	5片
桂圆肉	10 g

烹饪方法

鱼头洗净，除去鱼鳃内污物。烧红油锅，放入姜片，爆炒至微黄，放进洗净的鱼头煎至微黄，倒入清水6碗，煮至鱼头汤奶白色，放进川芎、桂圆肉，煮沸后改文火煲1小时，调味后喝汤吃鱼头。

禁忌

川芎性味辛温，气香升散，不宜久服。

贴士

- 阴虚火旺体质、心胸憋闷、喘气不适者不宜服用；最好不要和豆腐、黄连一起食。
- 月经前5天开始服食，每天1次，至月经来潮头痛明显减轻便可停服，可连续服食2个月经周期。该款汤味道鲜味，家人符合症状表现也可服用。

方二 天麻炖鱼头

功效

息风止痉
通络止痛

对症 经期头痛目眩

材料

天麻	15 g
鱼头	1个
淮山	10 g
生姜	3片

天麻

淮山

烹饪方法

洗净鱼头，除去鱼鳃内污物，切为两半，放进炖盅内，鱼头的上面放上天麻、淮山、生姜片，加清水1.5碗，隔水炖1小时，调味食用。

禁忌

热性体质，如头痛眼红、痤疮、口干便结者不可食用。

贴士

- 天麻切成薄片，炖后天麻可以食用。由于天麻属名贵中药材，故市面上有伪品，须小心识别。天麻质地坚硬而紧密，呈半透明状，表面带黄白或浅黄棕色，通体晶莹丰满，个大结实者为上选。

- 平时可以每3~4天服食1次，月经前3天开始每天服食1次，服至月经来潮第3天，便可停服，可以连续服食2~3个月。该款汤味道可口，也适合家里的老人经常服食。

3.4

月经期口腔溃疡周期性发作

方一 莲藕绿豆排骨汤

功效

清热解毒
消肿下火

对症 口腔溃疡；
口腔异味

材料

材料	用量
莲藕	50 g
绿豆	150 g
排骨	500 g

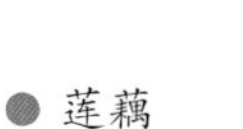

莲藕

绿豆

禁忌

煮莲藕忌用铁器。

烹饪方法

将洗净的莲藕切成段，排骨洗净切成大块，飞水后与绿豆一起放进瓦锅中，加清水6碗，煮沸后改文火煲1.5小时，至排骨肉熟烂，调味即可食用。

贴士

- 对于重度口腔溃疡者，在食疗的同时还要配合药物治疗。生莲藕性味甘寒，脾虚胃寒、经常拉肚子者不宜吃生藕，最好熟食；发黑和有异味的莲藕不能吃。

- 出现口腔溃疡就可随时服食，每天1次，连续服食3~5天。若预防月经期的口腔溃疡，可于月经前3天开始服食至月经来潮第3天，每天1次，连续服食2~3个月经周期。该款汤味道可口，如果有家人容易口腔溃疡亦可服食。

方二 黄豆芽雪耳汤

功效

滋阴降火
生津利咽

对症 口腔溃疡；
口咽干燥

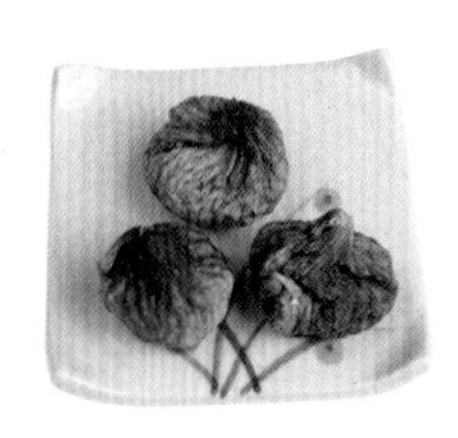

● 无花果

● 大豆芽

材料

材料	用量
大豆芽	250 g
雪耳	50 g
无花果	4粒
猪瘦肉	300 g

禁忌

干雪耳的正常颜色为淡黄色，根部颜色略深。若干雪耳呈雪白色，证明是漂白过的；干银耳呈焦黄色就是变质了，不能食用。

烹饪方法

雪耳用清水浸透，去蒂；大豆芽、无花果洗净（将每粒无花果切成2~3块）；猪瘦肉切片。将全部材料放入锅中，加清水5碗，煮约1小时，调味后即可。

贴士

- 此汤清润，如夜睡后出现口燥咽干、干咳声嘶、大便秘结等症，无花果可多加几粒。
- 黄豆芽雪耳汤是一款非常滋养的食品，可经常服食，每天1次。连续服食2~3个月经周期。该款汤味道美味可口，适合全家服食，但汤的材料要适当增加。

3.5 经前口腔异味

方一 谷麦连翘煲猪肚

功效

清热消滞
清除异味

对症 经前口腔异味；大便秘结

材料

谷芽	15 g
麦芽	15 g
连翘	10 g
猪肚	250 g
蜜枣	2个

● 连翘

● 麦芽

烹饪方法

猪肚洗净，祛除异味，放入沸水中稍滚片刻（汆水），再洗净，切块，与洗净的谷芽、麦芽、连翘、蜜枣一起放入瓦锅中，加清水5碗，武火煮沸后，改文火煲30分钟，调味即可，分2~3次服食。

禁忌

脾胃虚弱者禁服。

贴士

● 连翘有清热解毒的作用，对喜欢吃辛辣燥热食物而火气较大、口臭、长痘疮者具有较好的效果，但连翘不宜久煎，久煎就破坏了它的治疗效果。

● 火气较大、口腔异味明显者，每天1剂，连服5~7天。喜欢吃辛辣燥热食物的朋友，为预防口气异味，可以每周服食1次。该款汤味道有些苦涩，但加上蜜枣一起煮后，味道就变得可口了，家人有符合症状表现的也可服用。

方二 鸡蛋花茶饮

功效

清热利湿
养胃通便

对症 经前口腔异味；大便黏臭

材料

干鸡蛋花 15 g

甘草 5 g

甘草

干鸡蛋花

禁忌

孕期、肺寒咳嗽及肚子受凉后腹泻者禁用；月经期的女性慎用。

烹饪方法

将洗净的鸡蛋花和甘草放入锅中，加清水3碗，大火煮沸5分钟，弃去药渣，取药汁，分2次服用。

贴士

● 鸡蛋花的用量不要太大，一般不超过15 g。想要发挥鸡蛋花最大的药用效果，最好是煎水服用。

● 每天1剂，连服2~3天。鸡蛋花煎煮的药汤略带甘苦味，看上去有些像咖啡的颜色，不太好看，但该鸡蛋花茶饮效果极好，一般只需喝2~3天就效果明显。家人符合症状表现亦可服用。

二、美容篇

1 痤疮

2 黄褐斑

3 皮肤黏膜干燥，易起皱纹

4 黑眼圈，眼睛浮肿及眼袋

1 痤疮

在大多数人的印象中，长痘痘就是青春期的事，只要正确处理，过了那段时期也就不会再长了。但后来发现，长痘成了越来越普遍的现象，战“痘”工程真的没有那么简单。

“他大舅，他二舅，都是他舅”，但你的痘和她的痘不一定是同一种痘哦！所以，在调理方法上要有针对性。痤疮的发生与皮脂分泌过多、毛囊皮脂腺导管堵塞、细菌感染和炎症反应等因素相关。痤疮虽长在皮肤上，却像镜子一样反映五脏六腑功能失调的信息。很多人有过长痘的经历，仔细比较会发现，其实痘痘在外形上还是有所区别的。有的痘痘是鲜红的，甚至有脓头，中医专家指出这是体内有火气的表现，对症调理就要吃清热泻火的东西，比如海带、冬瓜、苦瓜、绿豆，也可以喝绿茶或金银花茶。有的人是油性或是混合型皮肤，中医认为痘痘多是由体内痰湿较重引起的，对于这类痘痘，我们要将调理的重点放在健脾、化痰、祛湿上，生活中常见的食材如赤小豆、冬瓜皮等都是不错的选择。有的痘痘颜色很暗，长出来很长时间了就是不易消退，甚至痘痘好了，痘痕却舍不得离开，这就是中医说的血瘀问题了，可以适当添加三七、丹参一类活血化瘀的药材。

特别要注意的是，在长痘时不要用手乱挤，否则会使细菌感染扩散，或向皮肤深层转移。尤其是鼻子周围的面部三角区，如果乱挤，有可能引发蜂窝组织炎症，会感染扩散甚至危及生命。

1.1

痘痘有脓头，明显突出于皮肤表面

方一 海带薏苡仁冬瓜汤

功效

健脾祛湿
清热祛痘

对症 痘痘来势汹汹，满面通红

材料

鲜海带 50 g

薏苡仁 25 g

冬瓜 500 g

禁忌

冬瓜、海带、薏苡仁三者均属于寒凉性食物，平素怕冷、脾胃虚寒、久病阳虚及易腹泻者慎食，或加入生姜调和寒性。

薏苡仁

鲜海带

烹饪方法

海带漂洗后刷干净，薏苡仁洗净后用清水浸泡1小时，冬瓜切成小块。将三者一起放到瓦煲内，加清水4碗，武火滚沸后，改为文火煲约30分钟，加入适量食盐调味即可食用。

贴士

- 吃海带后不要立即喝茶，或吃葡萄、山楂等酸甜水果，否则会影响海带中有效成分的吸收。
- 如果痘痘红痛、有脓头，可每天服食1次，连服5~7天，待脓头消退后可改为隔天1次，连服3~5次。避免辛辣饮食，以免再长痘痘。该款汤味道可口，家人符合症状表现亦可服用。

方二 芹菜雪梨饮

功效

养阴
清热
祛痘

对症 痘痘鲜红有油光；
便秘

材料

芹菜	120 g
雪梨	1个
柠檬	1/5个

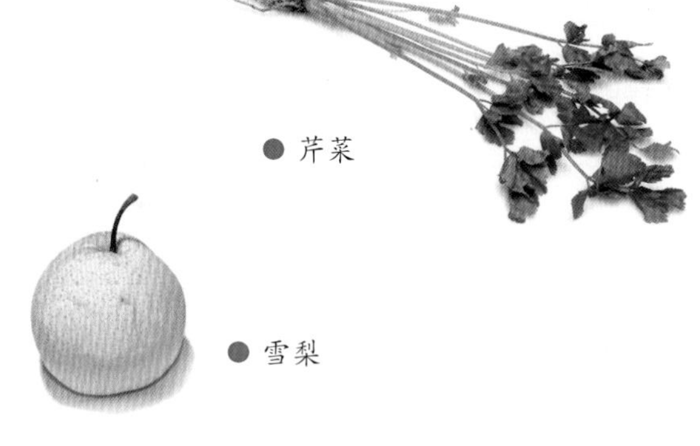

● 芹菜

● 雪梨

烹饪方法

将芹菜、雪梨、柠檬清洗干净，切块（段），放入榨汁机中，加温开水250 mL，榨汁，过滤残渣即可饮用。

禁忌

梨不应与螃蟹同吃，二者皆为寒凉之品，同食易伤肠胃。梨有利尿作用，夜尿频者，睡前应少吃梨。

贴士

- 饮食以清淡为主，少吃热性的东西。
- 每天服食1次，连服7天左右。该款茶饮味道甘甜可口，适合便秘者服用。

1.2 痘痘没有脓头，比较小，不明显

方一 莲子心泡茶

功效

清心去火
祛痘美容

对症 没有脓头的小痘痘

材料

莲子心 10 g

禁忌

莲子心是寒性的，不宜长期服用，否则会对偏寒性体质的人产生不好的影响，不利于健康。

莲子心

烹饪方法

将莲子心放入可以密封的玻璃杯中，倒入开水，盖紧盖子5分钟后即可频频饮用。

贴士

- 莲子心可以反复冲泡。
- 每天服饮1剂，频频饮用。该款茶饮入口后味道先有微苦后甘。可以连服用5~7天，适合家人饮用。

方二 淡竹叶灯芯草煲瘦肉

功效

清心安神
祛痘润肤

对症 脸上长痘痘，情绪容易激动

材料

淡竹叶	6 g
灯芯草	1 g
猪瘦肉	200 g

淡竹叶

灯芯草

禁忌

体虚有寒、肾亏尿频者及孕妇禁服淡竹叶。

烹饪方法

将洗净的灯芯草、淡竹叶、猪瘦肉一起放入锅中，加清水5碗，煮沸后改中火煲半小时，加盐调味即可。

贴士

- 淡竹叶不宜久煎，以免影响药物作用。
- 每天服食1次，连服7天左右。该款汤味道甘甜可口，家人亦可服用。

1.3

恋恋不舍，誓死相随的痘印

方一　桃胶三七炖鸡汤

功效

调和气血
祛瘀消斑

对症　痘痘已退，痘印暗斑不退

材料

三七	3 g
桃胶	5 g
土鸡	半只

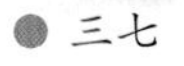

● 三七

● 桃胶

禁忌

三七有活血化瘀的作用，孕妇忌服，以免引起流产。

烹饪方法

桃胶放入碗中，加清水浸泡一夜（10小时以上）至软涨，将泡软的桃胶仔细地清洗，去除黑色的杂质，掰成小块儿；鸡去内脏，洗净备用。将洗净的桃胶、三七、鸡一起放入砂锅内，加清水6碗，武火煮沸后，文火煮1小时调味即可。

贴士

● 桃胶在网上或药店均可购买。其体积浸泡后能涨到10倍以上，所以别小看这5 g桃胶，可是足够吃上两顿的。

● 每天服食1次，可连服半个月。经常服食这款汤，对女性大有好处，可补益养颜、祛斑美白。但前提是保持平静心态，合理饮食，有充足的睡眠。该款汤味道鲜美可口，家中的女性都可服用。

方二 丹参白瓜鲫鱼汤

功效

清瘀
调经
祛痘

对症 痘印时间长，容易疲劳；内分泌失调、月经不调

材料

丹参	10 g
白瓜	1条
鲫鱼	1条

鲫鱼

丹参

烹饪方法

鲫鱼去鳞，去内脏，洗净，备用；烧红油锅，放入生姜，爆至微黄，放入鲫鱼，煎至微黄，加清水6碗，武火煮至汤发白，放入丹参、白瓜，改文火煲30分钟，撒上精盐、即成。

禁忌

白瓜性寒凉，平时畏寒怕冷的人不宜多吃。丹参不能与藜芦、葱同用，服用丹参时不宜饮用牛奶。

贴士

- 每天服食1次，可连服半个月。这款鱼汤不仅有祛痘、散瘀、消斑的效果，还对有心脑血管疾病的患者大有帮助。该款汤味道鲜美可口，家人如果有高血压、高血脂、动脉硬化等症状都可服用。
- 若长期服用阿司匹林者，不宜服用本汤。

黄褐斑 2

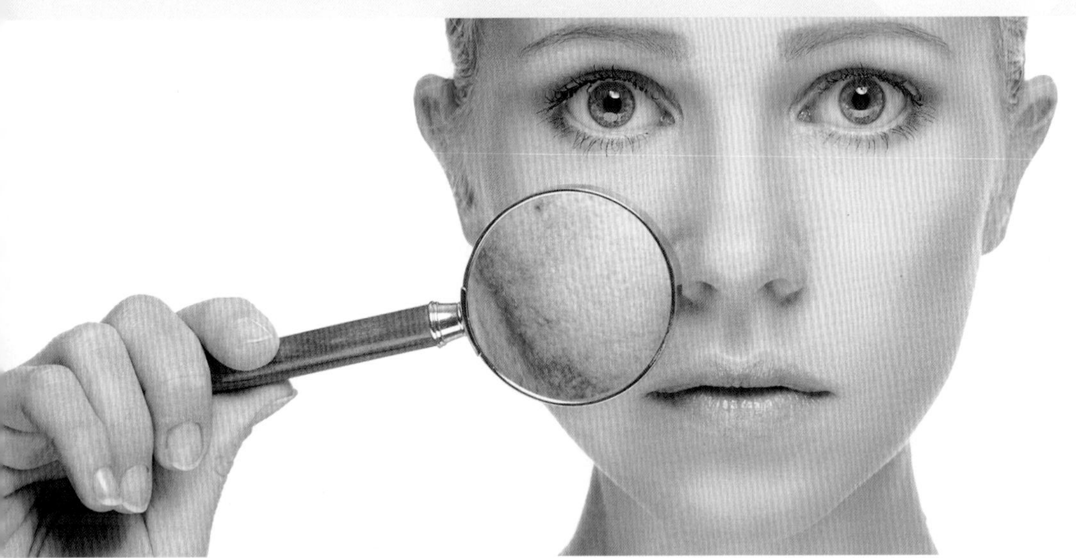

斑可以说是让大家最头疼的问题了，有斑就是不一般，再怎么精致的五官还是显老。

为了不让自己因为斑的存在而显老，各种瓶瓶罐罐一层层地涂抹：祛斑霜、遮瑕膏、隔离霜、粉底……听着都麻烦，更何况要去做了，而且抹那么多，皮肤都呼吸困难，即使这样，偶尔出汗多、出油多又忘了补妆，斑点们就又倔强地在层层化妆品的掩盖下若隐若现。哎！抹再多也盖不住斑点呀！愁死了！

那么，今天我们来好好说说祛斑的问题。首先，要说紫外线。紫外线会促进黑色素的形成。为了防止黑色素形成，我们可以补充具有抗氧化作用的番茄红素，如食用番茄。其次，就是有害物质的堆积。日常生活中我们的皮肤接触到有害物质如电脑辐射、雾霾、化妆品中的重金属等时，我们只能尽量避免，让肌肤少受污染。最后，要说内分泌的问题。黑色素形成或是有害物质堆积后也不一定会长斑，人体有自己的一套垃圾清理系统来清除这些坏家伙，它就是我们的内分泌系统。内分泌系统相对正常的人会将身体所产生的代谢物连同黑色素、有害物质排出体外。但如果内分泌失调，斑斑点点就会悄悄地显现在你的皮肤上！

2.1 点状分布，不集中

方一 前胡淮山鹌鹑汤

功效

理气健胃
疏肝退斑

对症 斑成点状分布，伴胸闷不适

材料

材料	用量
前胡	7 g
淮山	150 g
鹌鹑	1只

淮山

前胡

禁忌

凡阴虚内热、痰多咳喘者，不宜食用前胡。

烹饪方法

将鹌鹑洗净，去除内脏，放入沸水中烫一下，捞出备用；将前胡、淮山洗净备用。将所有的材料一起放入炖盅内，加清水3碗，隔水炖2小时，加入调料即可喝汤吃肉。

贴士

- 淮山不可与碱性药物（如碳酸氢钠等）同服。
- 隔天服食1次，连服1个月。该款汤味道可口，家人亦可服用。

方二 郁金煲兔肉

功效

疏肝行气
解郁祛斑

对症 斑点小而多；
工作压力大，爱生闷气

○ 材料 ○

兔肉	1只
郁金	10 g
生姜	3片
桂圆肉	8粒

● 郁金

● 桂圆肉

○ 烹饪方法 ○

将兔肉洗净，斩成块，放入沸水中烫一下，捞起。把兔肉与生姜片一起放入锅中，加清水6碗，武火煮沸后，改文火煲1小时，放入郁金、桂圆肉，继续煲30分钟，调味即可。

○ 禁忌 ○

郁金行气活血，芳香开窍，孕妇慎用。

○ 贴士 ○

● 兔肉汤中放入少量桂圆肉，可以去除腥味，让汤更美味。

● 每天服食1次，连服1个月。服食这款药膳汤如果出现放屁比较多的现象，属于正常反应。该款汤味道可口，家人亦可服用。

2.2 片状分布，集中在特定区域

方一 黑木耳红枣汤

功效

健脾润肤
排毒养颜

对症 有色斑，生活环境空气质量差

● 黑木耳

● 红枣

○ 材料 ○

黑木耳	30g
红枣	5个
罗汉果	半个

○ 禁忌 ○

此汤不要和海鲜一起吃，否则容易腰腹疼痛。肚子不舒服、胀气时，不宜吃。

红枣吃多会腹胀，每次食用不要超过10个。

○ 烹饪方法 ○

将黑木耳和罗汉果去根洗净，红枣去核，一起放入锅中，加清水3碗，武火煮沸后，改文火煮15分钟，即可食用。

○ 贴士 ○

● 黑木耳最好煮熟吃，因为烹煮后才能提高黑木耳纤维及黑木耳多糖的溶解度，有助于吸收。

● 每周服食2~3次，每3~4天服食1次，连服1~2个月。尤其在空气不太好的季节或空气质量比较差的地方，多喝此款药膳汤能增强排毒养颜的效果。该款汤味道可口，家人亦可服用。

方二 三仁美容甜汤

功效

活血化瘀
润肠护肤

对症 肤色暗沉；
经期有血块或血色较暗；
便秘

材料

材料	用量
桃仁	5 g
甜杏仁	10 g
白果仁	10 g
鸡蛋	1个
冰糖	10 g

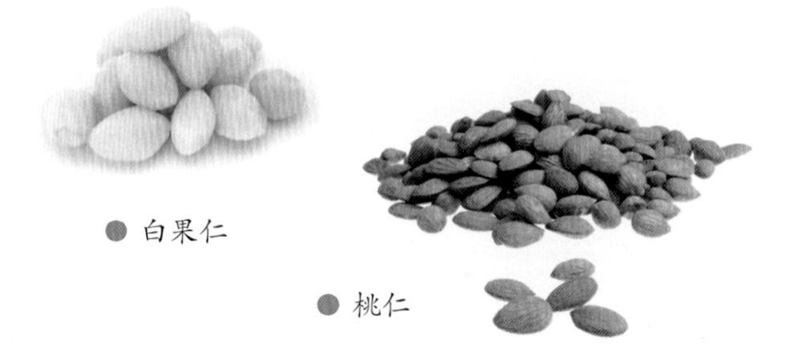
白果仁
桃仁

禁忌

孕妇和大便稀烂的人慎用桃仁。

烹饪方法

将桃仁、甜杏仁、白果仁洗净，温水浸泡5分钟，捞出一起放入锅中，加清水3碗，武火煮沸后，改文火煮20分钟，打入鸡蛋，最后加入冰糖即可。

贴士

- 杏仁有甜杏仁和苦杏仁，两者在药用功效上是不同的，请注意区分，甜杏仁以颗粒均匀而大、饱满肥厚、不发油者为佳。
- 月经前3天开始服食，每天1次，服至月经干净，可连续服食2个月经周期。该款汤味道香甜可口，家中的女性亦可服用。

3 皮肤黏膜干燥，易起皱纹

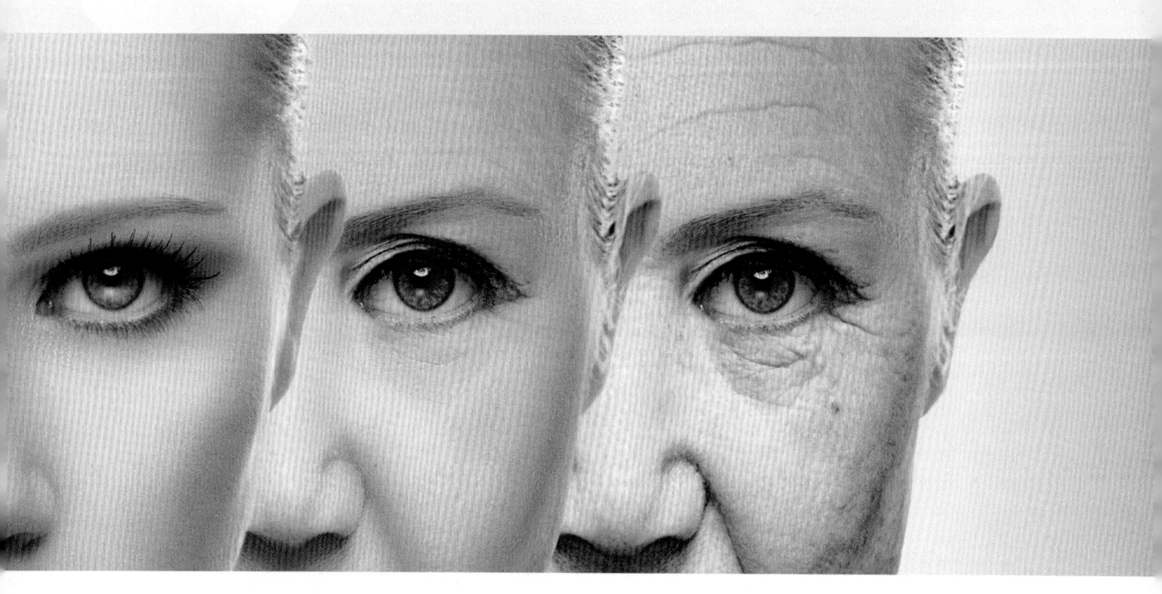

首先要和大家讲一下皮肤和黏膜的区别。皮肤是指暴露在身体表面，包裹在肌肉外面的组织，主要承担保护身体、排汗、感知冷热和压力的功能。而覆盖在口腔、胃、肠、尿道等器官内侧、能分泌黏液的一层薄膜，就是黏膜。

皮肤和黏膜共同将人体保护起来，当外界的有害物质要侵入人体时，首先是皮肤和黏膜将外界致病因素阻挡在体外。所以健康的皮肤和黏膜是人体抗感染的第一道防线。

俗话说：女人是水做的！所以女人缺水万万不行，一旦缺水，衰老就会接踵而至。肌肤保湿很重要，但是很多女性都正在被这个难题困扰，早上补水保湿了，那中午呢？晚上呢？要怎样做才能让肌肤一整天都处于水润的状态？早上，若皮肤太干或者出现蜕皮状况，即使抹了很多基础护肤品，可上妆还是像戴面具。男人说不喜欢化妆的女人，其实他们更喜欢妆化得自然的女人。

年龄增长、气候变化、睡眠不足、过度疲劳、洗澡水过热、营养不均衡等都有可能导致皮肤和黏膜干燥。平时我们应该适当补充水分，多吃维生素C含量比较高的水果，少吃辛辣上火的东西，如辣椒、花椒、胡椒等。要尽量避免熬夜，睡好美容觉，注意休息。

3.1

手足开裂，秋冬季节更严重

方一 沙参淮山煲猪脚

功效

滋阴养胃
润肤美容

对症 手脚开裂，口干爱喝水

材料

猪脚	1只
沙参	15 g
淮山	50 g
姜	2片
食盐	适量

淮山

沙参

烹饪方法

将猪脚刮净毛，斩成大块，洗净，飞水，盛起沥干水分后与洗净的沙参、淮山一起放入瓦锅中，加清水6碗，武火煮沸后，改文火煮1小时，下食盐调味，即可食用。

禁忌

风寒咳嗽者禁服。

贴士

- 购买猪脚时最好让卖家处理好，剁成块，自己操作起来很费劲。
- 天气干燥时可隔3天服用1次，连服15~30天，待皮肤黏膜恢复滋润度便可停服。该款汤味道鲜甜可口，家中有皮肤比较干燥者亦可服用。

方二 玉竹炖鸡

功效

滋养气血
平补而润

对症 手脚开裂；
皮肤干燥；
容易干咳

材料

玉竹	30 g
土鸡	半只

玉竹

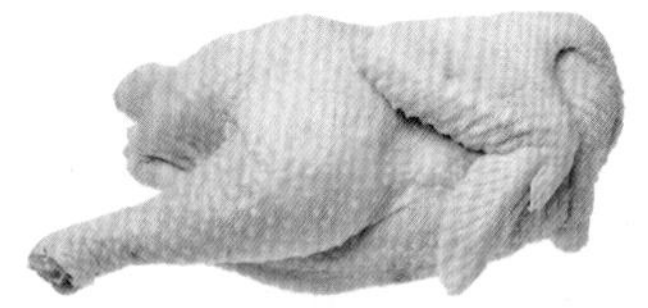

土鸡

禁忌

脾胃虚弱、经常腹泻者不宜过多食用。

烹饪方法

将洗净的鸡与玉竹一起放入炖盅，加清水3碗，隔水炖2小时，调味即可食用。

贴士

- 玉竹有滋阴润肺、生津养胃的作用，是一种很好的养生食材，阴虚内热者宜生用，单纯阴虚体质者宜制用（玉竹在锅中慢火炒5分钟，晾凉后用）。肺燥干咳者可与沙参、桑叶同用。
- 每天1剂，分2次服用，连服10~15天。干咳、干燥出现改善，改为每隔3天1次，连服2周。以后逢入秋每周服食1~2次，对改善干燥不适效果较好。该款汤味道甘润可口，家人亦可服用。

3.2 眼周起皮，总给人感觉没洗干净脸

方一 生薏苡仁煲白鸽

功效

清理湿热
除痹止痛

对症 眼周起扁平疣，容易困倦

材料

生薏苡仁	30 g
白鸽	1只
生姜	5片

生薏苡仁

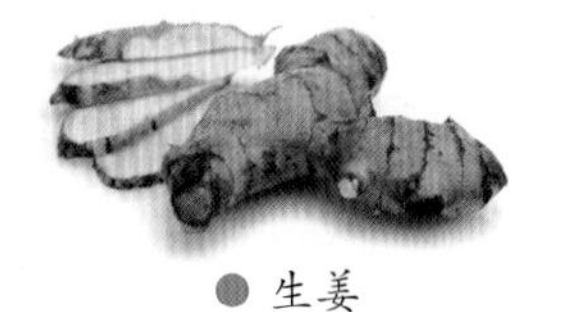

生姜

禁忌

妊娠早期的孕妇不宜食用，容易引起流产；汗少、便秘者不宜食用。

烹饪方法

将白鸽宰杀，去内脏，洗净后切块，备用；生薏苡仁洗净，浸泡2小时。将所有食材置于锅中，加清水6碗，武火煮沸后，改文火煲1小时，调味即可食用。

贴士

- 泡薏苡仁的水不要弃去，一起放入煲汤，避免所含的营养物质丢失。
- 每周吃1次，连服1~2个月。该款汤味道鲜美，家人亦可服用。

方二 桑叶赤芍煲瘦肉

功效

平肝祛瘀
养肤去糙

对症 眼周皮肤扁平疣，寻常性赘疣；皮肤粗糙

材料

猪瘦肉	500 g
桑叶	30 g
赤芍	10 g

桑叶

赤芍

禁忌

妊娠期妇女不宜食用。

烹饪方法

将桑叶、赤芍洗净；猪瘦肉洗净，切块。把全部用料一起放入锅内，加清水6碗，武火煮沸后，改文火煮1小时，调味即可。

贴士

- 桑叶性凉，同时还具有止血的作用，女性在月经期间不宜食用。
- 隔天服食1次，连续服食1个月。该款汤味道可口，家人亦可服用。

3.3 关节和腿部皮肤干燥明显

方一 花胶巴戟养肤汤

功效

补肾壮阳
强身健体
美容润肤

对症 皮肤干燥；
月经不调

材料

筒子骨	500 g
巴戟	10 g
干花胶	30 g
党参	15 g
枸杞子	10 g
生姜	4片

禁忌

食欲不振、容易嗳气，痰多并见舌苔厚腻，重感冒时期，或对蛋白质过敏的人群不宜吃花胶。

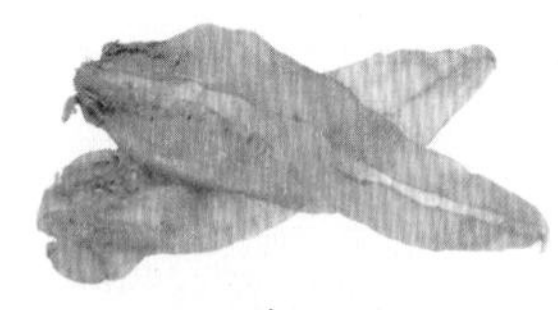

花胶

巴戟

烹饪方法

干花胶在清水中浸泡一夜后放入锅中，倒入清水，放入姜片和1/2茶匙（3g）盐，大火煮开后，转中火煮20分钟，煮好后捞出，放入冷水中浸泡，备用；巴戟洗净，温水泡10分钟，备用；党参、枸杞子用清水冲去浮尘，备用。将巴戟和花胶与筒子骨冲净放入汤煲中，再倒入清水，水量是筒子骨高度的2倍。武火煮开后用勺子撇去浮沫，再倒入党参、枸杞子，盖上盖，调成小火，煲1.5小时后调味即可。

贴士

- 花胶以质地洁净，无血筋、瘀血等物，半透明，色泽淡黄透亮者为佳。
- 每周服食1次，坚持服食3个月，皮肤会有变化（增加皮肤滋润，改善弹性）。家中的女性均可服用。

方二 玉竹雪耳瘦肉汤

功效
养阴清肺
益胃生津

对症 皮肤干燥，鼻腔咽喉发干为主，且大便干结

材料

材料	用量
沙参	15 g
玉竹	10 g
麦冬	15 g
干雪耳	20 g
猪瘦肉	150 g

● 麦冬

● 沙参

禁忌

风寒咳嗽者禁服沙参、雪耳；痰湿壅盛、大便稀烂者不宜吃雪耳。

烹饪方法

先将沙参、玉竹、麦冬洗净，备用；雪耳用温水泡开，洗净；猪瘦肉飞水。将所有食材放入砂锅中，加清水5碗，煲1~1.5小时，调味食用。

贴士

- 睡前尽量不要吃雪耳，有血黏度增高的风险。
- 隔天服食1次，连续服食10天左右。该款汤甘润可口，家人亦可服用。

3.4 口唇干燥，总让你显得憔悴不已

方一 石斛炖花胶

功效

滋阴补虚
益气养身

对症 口唇干燥；
体质虚弱

材料

石斛	10 g
猪瘦肉	20 g
干花胶	30 g
生姜	2片

● 石斛

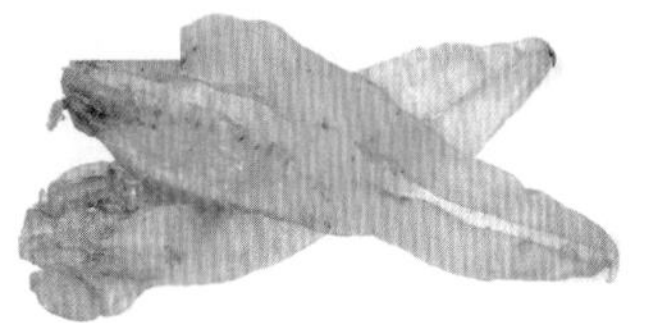

● 干花胶

禁忌

湿热体质的人群不宜食用石斛。

烹饪方法

将干花胶浸泡发大，变软后切成两三截，备用；瘦肉洗净，切片。将干花胶、瘦肉与石斛、生姜一起放入炖盅内，加清水2碗，隔水炖2小时，调味即可。

贴士

● 每周服食3天（每天服食1次，连续3天），第一次炖好，临吃前先捡起炖过的石斛，放入冰箱保存，第二天放入新的炖材中再炖，炖过的石斛要用嘴嚼，并吞下石斛内的胶质。可连续服用2~3个月。该款汤味道鲜美可口，对益气养生，调养虚性体质有很好的辅助效果，家人亦可服用。

方二 太子参煲兔肉

功效

益气生津
补肺健脾

对症 口唇干裂；
精神容易疲倦

◎ 材料 ◎

兔肉	250 g
太子参	30 g
麦冬	30 g

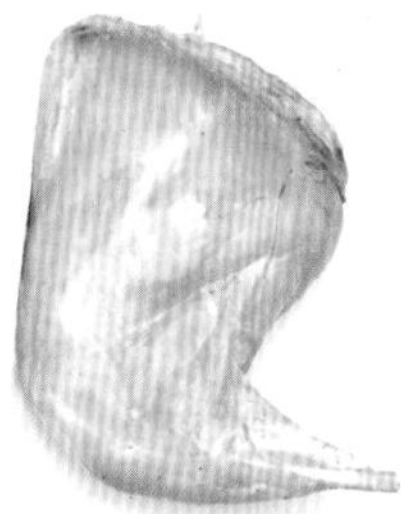

● 太子参　　● 兔肉

◎ 禁忌 ◎

重感冒、风寒发热者不宜食用。

◎ 烹饪方法 ◎

将太子参、麦冬、兔肉洗净，兔肉切成大块，一起放入瓦锅内，加清水6碗，武火煮沸后，改文火煮至兔肉熟烂为度，调味即可喝汤吃肉。

◎ 贴士 ◎

● 太子参适合大部分人群，但孩子不要多吃，而且最好在医生指导下食用。

● 隔天服食1次，连续服食1~2周。该款汤美味可口，家人亦可服用。

黑眼圈，眼睛浮肿及眼袋　4

“眼睛是心灵的窗口”，意思是指眼球的运动和眼神的交流能够表达我们心中的真实想法。

眼睛是可以传神的，“回眸一笑”是形容女子眼睛的妩媚传神，“双瞳剪水”是形容眼睛的干净清澈明亮。而人高兴、忧郁、思虑、生气、惊恐等情感变化及身体是否健康的信息都可以通过眼睛反映出来。可见眼睛非常重要，眼睛是心灵的窗口，也是健康的镜子。通常眼睛不健康的表现有四种情况：一是黑眼圈；二是眼睛浮肿；三是双目无神，眼圈发黑；四是出现眼袋。其原因多与妇科疾病（痛经、月经不调）、慢性肝功能损害、经常熬夜、情绪不稳定、眼部过度疲劳、性生活过度等有关。中医认为，以上因素可损害肝肾功能，引起血液运行不畅，眼睛缺少精血滋润，眼部细胞供氧不足，代谢产物积累过多并滞留在眼睛周围皮肤，从而使色素沉着、眼睛失去光泽。

4.1 黑眼圈

方一 花生玉米牛奶羹

功效

补肾健脾
滋润眼睛

对症 黑眼圈；眼睛干涩

材料

花生米	30 g
玉米粒	30 g
牛奶	250 mL
芡粉	适量

● 花生米

● 玉米粒

禁忌

消化功能不好、容易腹胀者少吃玉米。

烹饪方法

花生米放入锅中炒香，晾凉，研成小粒，备用。将洗净的玉米粒放入锅中，倒入牛奶，武火煮沸后改文火煮10分钟，芡粉加水调成糊状倒入锅中，将玉米牛奶调成羹状，放进花生粒，调味即可食用。

贴士

● 变质玉米含黄曲霉素，可致癌，所以霉烂变质的玉米不可食用。另玉米不要和地瓜同吃，否则容易引起腹胀。

● 每天服食1次，连续服食10~20天。该羹香滑美味，富有营养，家人均可服食。

方二 贡菊乌鱼汤

功效

清肝
明目
解毒

对症 黑眼圈，眼睛有血丝

材料

贡菊	30 g
乌鱼	500 g
生姜	5片

贡菊

乌鱼

烹饪方法

乌鱼洗净，去鳞及内脏。烧红铁锅，放入生油，爆炒生姜片刻，放入乌鱼煎至两面微黄，加清水5碗，武火煮沸至鱼汤奶白色，改文火再煮20分钟，放入贡菊煮10分钟，调味即可服食。

禁忌

脾胃虚寒者最好少喝。

贴士

- 贡菊也可以用来泡水喝，在天气干燥的季节加些冰糖代茶饮用，非常滋润养眼。但血糖增高者最好不要加冰糖。
- 每天服食1次，可服用5~7天。该款汤的味道可口，家中男女老少均可服食。

4.2 眼睛浮肿

方一 人参炖乌鸡

功效

健脾补气
开胃消肿

对症 眼睛浮肿；
食欲不振

材料

吉林参	5 g
乌鸡	150 g
陈皮	10 g
生姜	5片

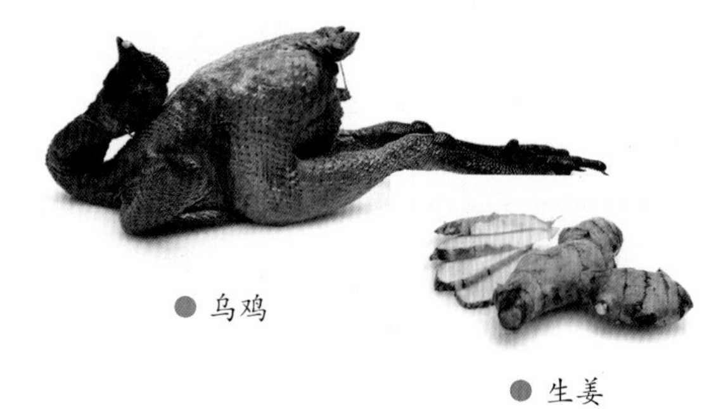

● 乌鸡

● 生姜

禁忌

怒火盛、口干口苦、口腔溃疡者不宜服用。

烹饪方法

乌鸡洗净，斩块，与吉林参、陈皮、生姜一起放入炖盅，加凉开水1.5碗，隔水炖40分钟，调味，分2次服用。

贴士

- 人参不宜与白萝卜一起食用，以免影响其补益的效果。
- 隔2天服食1次，可服用6~8次。该款汤味道鲜美，家人符合对应症状亦可服食。

方二 橘枸猪肝汤

功效
理气通络
消肿明目

对症 眼睛肿胀，视力疲劳

材料

材料	用量
橘络	15 g
枸杞子	15 g
新鲜猪肝	100 g
生姜丝	适量

● 枸杞子

● 新鲜猪肝

禁忌

感冒发烧、肠炎腹泻者不宜服食枸杞子。

烹饪方法

新鲜猪肝洗净，切成薄片，加入生姜丝、精盐、芡粉，在碗中调匀，备用。将洗净的橘络、枸杞子放入锅中，加清水3碗，武火煮沸后改文火煮20分钟，放入猪肝，煮熟，调味即可服食。

贴士

● 橘络是橘子橘瓤外白色的筋络。有些人吃橘子的时候将橘络丢弃干净，这种吃法是不科学的。现代营养学研究认为，橘络中有防止高血压病人发生脑溢血、防止糖尿病人发生视网膜出血的作用。有血管硬化倾向的老年人，食橘络更是有益无害。

● 每隔2天服食1次，可以服用10~15天。该款汤味道鲜美可口，家中男女老少均适宜服用。

4.3 双目无神，眼圈发暗

方一 决明菠菜汤

功效

养脾健胃
洁肤养眼

对症 双目无神，眼圈发暗，视力模糊

● 菠菜

● 决明子

材料

决明子 25 g

菠菜 100 g

禁忌

肾炎、肾结石、腹泻者忌食。

烹饪方法

将决明子倒入锅中，加清水3碗，大火煮沸后改文火煮15分钟，去药渣留汁，备用。在锅中加清水5碗，武火煮沸后放入洗净的菠菜煮一下，弃去菜汤，倒入药汁，煮沸，调味即可吃菜喝汤。

贴士

● 吃菠菜前，先用水煮一下，再捞起炒食或做汤，这样可避免菠菜含的草酸与钙结合形成草酸钙，影响人体对钙的吸收，既保全了菠菜的营养成分，又去除了80%以上的草酸。

● 开始时隔天食用1次，可服食10天左右，待不适改善，可改每周服食2次，连续服用2~3个月。该款汤有些涩口，煮汤时放入3~5片生姜，加些鸡精调味便可避免。坚持服用对视力和视网膜有较好的保护，全家均可服用。

方二 青蝉炖瘦肉

功效
疏肝祛风
明目止痒

对症 眼睛痒，眼圈发黑

材料

材料	用量
青皮	5 g
蝉蜕	10 g
猪瘦肉	150 g
无花果	30 g

● 青皮

● 蝉蜕

禁忌

孕妇、小孩及食欲差、大便稀烂者慎服。

烹饪方法

猪瘦肉洗净，切成厚片，与洗净的青皮、蝉蜕、无花果一起放入炖盅，加清水2碗，隔水炖1小时，捞起青皮、蝉蜕，调味即可服食。

贴士

- 蝉蜕还能治疗咽喉之疾，如果出现咽喉肿痛、声音沙哑症状，可与胖大海一起泡水代茶，频频饮用。
- 开始每天服食1次，连续服食5~7天，待不适消失后改为每隔3天服食1次，服用30天左右。该款汤味道可口，家人符合对应症状均可服用。

4.4 眼袋

方一 党参炖燕窝

功效

益气补中
养颜消肿

对症 出现眼袋；
面色发黄

材料

党参	15 g
燕窝	10 g

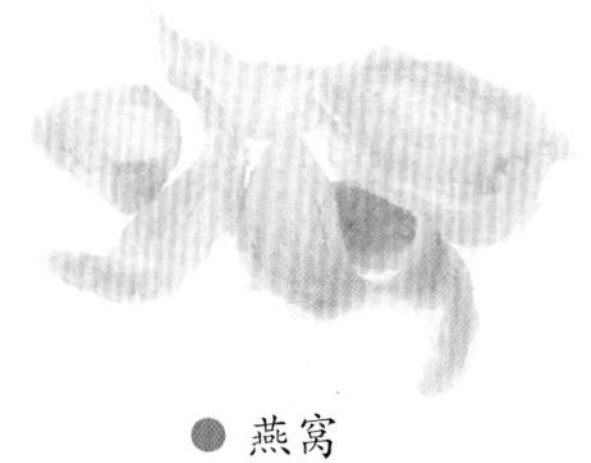
燕窝

党参

禁忌

脾胃虚寒或气血亏虚者勿服。

烹饪方法

将洗净的党参切片，备用。用一碗纯净水（约300 mL）浸发燕窝4~6小时，去除杂质，与党参片一起放入炖盅，隔水炖，武火煮沸后改文火慢炖45分钟，炖好后可根据个人口味配冰糖、牛奶、蜂蜜、姜汁等食用。

贴士

- 燕窝发霉变为黑色则不能食用，因为燕窝的营养成分已经丧失。
- 每周服食1次，可连续服食8~10次。该款炖品香滑可口，也适合家人享用。

方二 薄荷鱼片汤

功效

疏肝健胃
褪青消肿

对症 出现眼袋；
面色发青

◎ 材料 ◎

薄荷	10 g
鱼肉	100 g
生姜丝	适量

● 薄荷

● 鱼肉

◎ 禁忌 ◎

孕妇不宜食用，哺乳期的妇女不可多食。

◎ 烹饪方法 ◎

鱼肉洗净，切成薄片，放上生油、精盐、芡粉适量，搅拌均匀，备用；将洗净的薄荷叶切碎，放入碗中，备用。在锅中放入清水2碗，武火煮沸后放入鱼片、生姜丝，煮5~8分钟，撒入薄荷叶碎，用勺子稍搅拌，发出香味即可关火，调味即可服食。

◎ 贴士 ◎

● 薄荷还具有提神醒脑，增进食欲的作用，特别适合容易生气而胃口不好、情绪抑郁的人食用。因薄荷有兴奋作用，所以晚上不宜多吃。

● 每天服食1次，可连续服食5~7天。该款汤味道鲜美，家人亦可服食。

三、头发篇

1 白发

2 脱发

3 头油太多

1 白发

传说中，在古代判断一个女子是否容易怀孕的一个重要标准就是看她的发质，黑发如漆是女性健康美丽的重要标志。曾听人说："我的梦中情人要有一头乌黑亮丽的头发！"我想这应该也是很多男人心中的梦想吧！事实上，很多女孩也喜欢拥有一头乌黑的长发，头发不但能展现女性的魅力，而且也是健康的晴雨表。

生白发，是由于头发髓质和皮质内黑色素细胞产生的黑色素越来越少，逐渐变成空泡。正常情况下，毛乳头内有丰富的血管，为毛乳头、毛球部提供充足的营养，营养充足黑色素颗粒便顺利合成。若黑色素颗粒在毛乳头、毛球部的形成过程中发生障碍，或虽然形成但因某种因素而不能运送到毛发中去时，就会使毛发髓质、皮质部分的黑色素颗粒减少或消失，从而长出白发。

两鬓易生白发的人要注意不可熬夜，晚上十二点前要进入深度睡眠，平时要保持心情愉快；后脑勺易生白发的人往往肾气比较虚，要注意休息，夫妻生活要有节制；前额易生白发的人，要注意少吃生冷的食物，增强脾胃的功能。只要我们能有针对性地改变自己的生活习惯，多喝靓汤，拥有满头乌黑的秀发不是梦！

方一 菟丝子首乌煲瘦肉汤

功效

补肝肾
益精血
乌须发

对症 白发，平时经常熬夜

材料

猪瘦肉 300 g

何首乌 10 g

菟丝子 25 g

何首乌

菟丝子

禁忌

服用何首乌茶的前后两小时内忌食羊肉、动物血、无鳞鱼、葱、蒜、萝卜。

烹饪方法

将菟丝子、首乌洗净，用棉布袋装起，封口，备用；瘦肉洗净，切成小块。把全部食材一起放入砂锅内，加清水6碗，武火煮沸后，文火煮1小时，去药袋后调味即可食用。

贴士

- 制作何首乌，所盛装的容器不能是铁器，最好是陶瓷，否则药性会减弱。
- 每天1份剂量的菟丝子首乌煲瘦肉汤分2次服食，中餐和晚餐后各进食1次，坚持服食2~3个月，对补肝肾、乌发有一定的帮助。该款汤味道可口，家人亦可服用。

方二 核桃黑芝麻煲鱼汤

功效

补肾养血
益发润肤

对症 白发，脸上黄褐斑多，肤色发暗

材料

鲫鱼	1条
黑芝麻	30 g
核桃	15 g
生姜	5片

● 黑芝麻

● 核桃

烹饪方法

鲫鱼去鳞，去内脏，洗净，备用；将洗净的黑芝麻放入锅中，用小火炒香，备用。烧红油锅，放入生姜，煎至微黄，放入鲫鱼，煎至微黄，加清水5碗，武火煮至汤发白，放入黑芝麻、核桃，改文火煲30分钟，撒上精盐、葱花即成。

禁忌

容易腹泻或患有慢性肠炎者不宜服用。

贴士

● 洗黑芝麻的小绝招：将黑芝麻倒入装水的大碗中，用手轻轻搓洗，然后用带小筛孔的筛子捞起，晾干水分便可。黑芝麻很容易炒煳，一定要控制火候，小火炒，时间不要太长。

● 每天或隔天服食1次，连续服食3个月左右。该款汤味道鲜美可口，家人也可服用。

脱发 2

拥有一头乌黑油亮、浓密柔美的秀发，是每一位爱美女士的追求。

随着岁月的流逝，人们会出现头发稀疏、秃顶的现象，严重的会影响形象。许多人常常为脱发而烦恼，精神压力过大，经常熬夜和不健康的饮食是脱发的主要原因，若头皮不能提供头发所必需的营养，脱发现象就会产生。如果我们能保持心情愉悦，有规律地作息，不熬夜，少吃油腻的食物，营养均衡，那么脱发就不容易产生。除此之外，过于频繁的烫发、染发也是脱发的重要原因。为了我们头发的健康，少折腾它吧！

方一 党参黄精煲乌鸡汤

功效

健脾胃
补气血
养头发

对症 脱发严重，平时思虑过多，工作压力大

材料

嫩乌鸡	1只
黄精	15 g
淮山	15 g
党参	15 g
生姜	3片

● 党参

● 黄精

烹饪方法

乌鸡去内脏，洗净，切成大块，与洗净的黄精、党参、淮山、生姜一起放入砂锅内，加清水6碗，武火煮沸后改文火煮1小时，调味即可。

禁忌

痰多、胸部闷胀者不宜多服。

贴士

● 因肾虚引起的头晕、腰酸者，或血糖增高的人群，可以用黄精加杜仲泡水喝。

● 隔天服食1次，连续服食2个月。工作较忙没有时间炖汤的上班一族，可在周末，抓紧时间吃2天，只要坚持就会有帮助。该款汤味道鲜美可口，家中的女性或老人都可服食。

方二 苦瓜黄豆煲排骨汤

功效
清热生发

对症 脱发，平时作息时间不规律，熬夜比较多

材料

苦瓜	1个
黄豆	200 g
猪排骨	250 g
生姜	3片

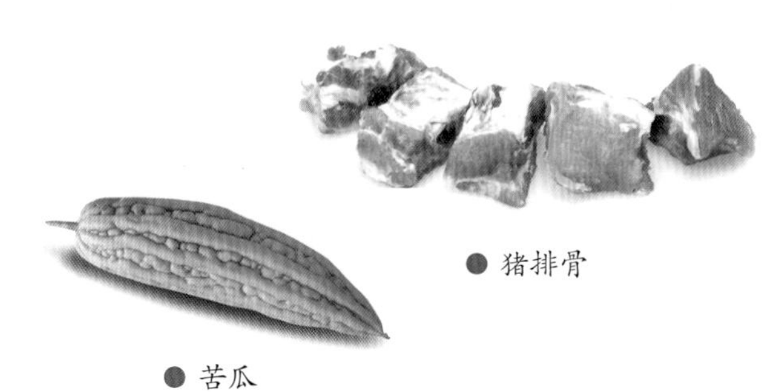

● 猪排骨

● 苦瓜

烹饪方法

先用清水把苦瓜、黄豆、猪排骨、生姜洗净。苦瓜去核切块，然后用盐水浸大约15分钟，黄豆浸泡片刻，排骨切成段状，然后一起放进瓦煲中，加清水6碗，用武火煲沸后，改用文火煲1小时，加入食盐少许，喝汤吃苦瓜及猪排骨。

禁忌

苦瓜性凉，脾胃虚寒者不宜多吃。

贴士

● 苦瓜不宜长期大量食用，否则会引起钙质缺乏症等不良反应，烹饪前，将苦瓜在沸水中浸泡一下，可以去除苦瓜中的部分草酸，使不良反应减少。

● 每周服食2次，隔3~4天服食1次，可连续服食30天左右。该款汤甘鲜可口，家人亦可服用。

方三 鲍鱼杜仲炖瘦肉汤

功效

补肾美发

对症 脱发，容易疲劳，睡眠质量差

材料

鲍鱼	1~2只
杜仲	10 g
猪瘦肉	100 g
红枣	3个

鲍鱼

杜仲

禁忌

阴虚火旺者慎服。

烹饪方法

将鲍鱼的壳和肉分开，去除污秽部分，用水洗净，切成厚片；瘦肉洗净，切成小块。将鲍鱼、猪瘦肉与洗净的杜仲和红枣一起放入炖盅内，加清水2碗，隔水炖1小时，调味即可。

贴士

- 鲜鲍鱼的烹制对于火候十分讲究，火候不够则味腥，过大则肉质变韧发硬。鲍鱼调味很重要，需浓淡适宜，否则鲍鱼本身的鲜味是出不来的。
- 每周可以服食2~3次，隔2~3天服食1次，可连续服食1~2个月。该款汤味道鲜美可口，家人亦可服用。

头油太多 3

头油太多是一种煎熬，会使人感到难受、焦虑、精神不爽。为了让自己精神清爽，头发看上去干净清亮，很多头油多的人会每天洗头，以为这样可以去除头油，使头发变干净，但结果还是很油！

头油过大让衣领看起来脏脏的，这多毁形象呀！头油太多是毛囊的油脂腺分泌旺盛引起的，而这个跟我们的身体代谢障碍和内分泌失调有很大的关系。针对头油过多，最好的解决办法不是天天洗头，因为洗头太频繁，一会刺激毛囊，加重头油分泌；二会破坏头皮毛囊的功能，甚至引起脱发，是治标不治本的笨办法。而治疗的根本是注意以下几个方面的调节：一是保证良好的作息习惯，早睡早起，尽量不熬夜；二是饮食规律，饮食有节制，避免过度肥腻，不吃辛辣刺激和煎炸的食物；三是坚持适当运动，促进身体及头部的血液循环，促进新陈代谢，改善头部毛囊油脂腺分泌旺盛的问题；四是使用去油的洗发水，一般3~5天洗一次头。坚持以上调理方法，头发很快就不会再油腻，一头清爽、干净、乌黑的秀发重现，会令你信心倍增。

方一 荷叶观达瘦肉汤

功效

清热祛瘀
去腻养发

对症 头油太多，好食肥腻、煎炸食品

材料

瘦肉	150 g
观达菜	100 g
荷叶	1张

● 瘦肉

● 荷叶

禁忌

女性月经期或脾胃虚寒的人群不宜吃荷叶。

烹饪方法

瘦肉洗净，切块，汆水，与洗净的荷叶一起放入锅中，加清水5碗，武火煮沸后，改文火慢煮30分钟，再放入洗净的观达菜，煮熟，放盐调味即可。

贴士

● 观达菜营养丰富，有很好的清热、解毒、祛瘀的作用。建议选择白茎品种的观达菜。

● 每周可以服食2~3次，隔2~3天服食1次，连续服食30天左右。该款汤味道可口，头油多的家人均可服食。

方二 苦瓜排骨汤

功效
清热解毒
去腻养发

对症 头油及面部油脂太多，面部痤疮

● 苦瓜

● 薏苡仁

○ 材料 ○

猪排骨 250 g

苦瓜 2个

薏苡仁 15 g

○ 禁忌 ○

苦瓜苦寒，脾胃虚寒者不宜多食或生食苦瓜，否则容易引起胃脘不适、腹泻等。孕妇慎食苦瓜，苦瓜含有奎宁，食用过量会引起子宫收缩，甚至可能造成先兆流产。

○ 烹饪方法 ○

苦瓜洗净，去除瓜子（保留瓜瓤，可以增强清热解毒的功效），切成大块，备用。洗净猪排骨，切成大块与洗净的薏苡仁一起放入锅中，加清水5碗，武火煮沸后，改文火慢煮40分钟，再放入苦瓜，煮20分钟，调味即可食用。

○ 贴士 ○

● 苦瓜表面瘤粒较大，结实而不松软的为好；如果怕苦瓜味苦，可以把苦瓜切成片，撒上少许盐，浸大约5分钟，用清水洗一下，挤干汁，或加上几滴白醋以减少苦味。

● 每隔2~3天服食1次，一般服食时间可视头面油脂情况而定，若头面油脂明显改善，就可以改为每周吃1次，再吃3~4次便可停服，但须注意饮食，避免吃油腻食物、熬夜，才能维持长久的效果。该款汤味甘可口，家中的年轻人如果长痘痘，也可服用。

四、孕期篇

1 孕早期

2 孕中期

3 孕晚期

1 孕早期

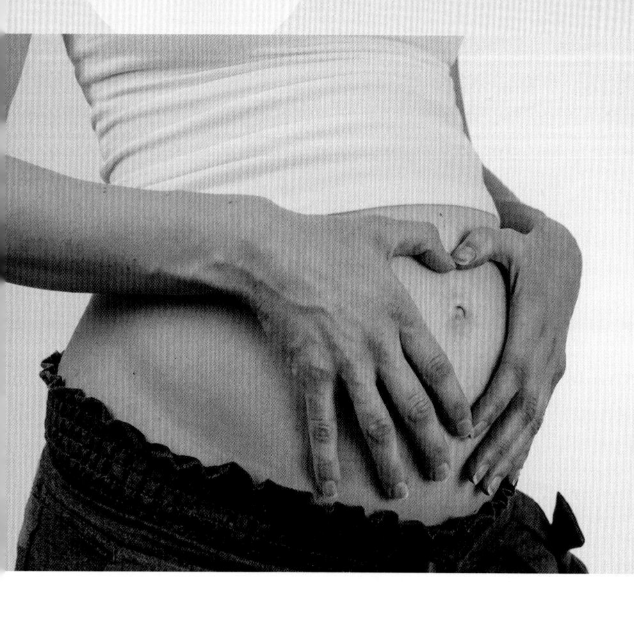

孕育下一代在每个人的一生中都是一件非常有爱又重大的事情，也是许多夫妻结婚后追求完美家庭的第一选择，他们憧憬着小生命来到的那一天，为美好的家庭生活再添上一笔亮丽的色彩。

其实怀孕是一件很严肃的事，夫妻双方在怀孕前一年就要开始准备了，首先要在饮食与生活习惯方面进行调整。有必要的可以到医院找中医调理下体质，这样不但宝宝会健康，妈妈在怀孕时也会少受罪。

在怀孕的前几个月里，孕妇要保持良好的情绪，不要用别人的过错来惩罚自己，可以听一些让情绪放松的轻音乐，多吃一些疏肝调气的食物，如陈皮、生姜、洋葱、玫瑰花、葱、蒜等。每天上午用2片生姜和2瓣陈皮泡水喝，每天饭后散散步，这样可以让身体的呼吸系统、循环功能正常，自身感觉就会舒服很多。另外，还要保持大便通畅，每天按时大便是身体排毒的最佳方式，通过正常的新陈代谢来保证营养的供应和垃圾的排除。

1.1

孕吐过于严重，影响食欲

方一 春砂仁瘦肉汁

功效

安胎行气
止呕开胃

对症 呕吐厉害，胃胀不消化

材料

猪瘦肉 200 g

春砂仁 10粒

鲜枣 3粒

生姜 3片

禁忌

春砂仁含挥发油，不宜久煎，当菜肴或汤料将成之时，将其打碎，拌于其中，香气大出时则可服用。

春砂仁

烹饪方法

将洗净的春砂仁打碎；鲜枣去核切成枣片，备用；猪瘦肉洗净后，剁成肉碎，加入精盐、生姜片、芡粉适量，搅拌均匀。在锅中加清水2碗，放入瘦肉碎，煮沸后改用文火，一边煮一边用筷子慢慢搅拌，至瘦肉成分充分透出成为瘦肉汁，放入鲜枣、春砂仁，盖上锅盖，中火煮3~5分钟，当闻到春砂仁香味后可将肉汁倒出，分次饮用。

贴士

- 春砂仁可以安胎行气，此汤中春砂仁需要连壳同煎。
- 孕吐期间每天可取春砂仁瘦肉汁少量服食，每天1次，至呕吐改善即可停服。该款汤味道可口，也适合家中老人经常服用。

方二 姜汁牛奶

功效

温中健胃
散寒止呕

对症 呕吐影响吃饭，容易怕冷

材料

鲜牛奶 200 g

生姜 10 g

红糖 20 g

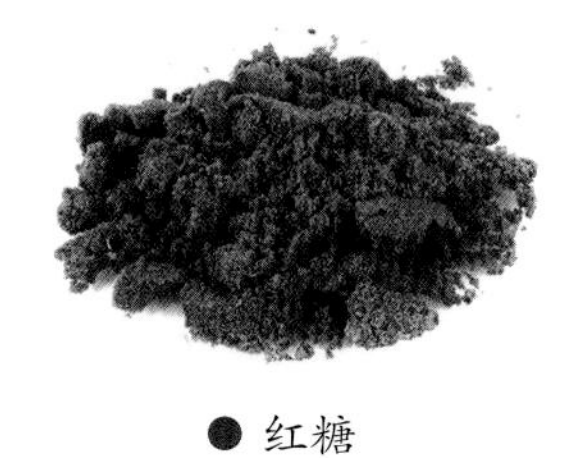

红糖

鲜牛奶

烹饪方法

生姜去皮，磨成姜蓉，装进纱布中，挤出姜汁，备用。将鲜牛奶放入锅中，煮沸后放入红糖，倒入生姜汁，混匀即可饮用。

禁忌

阴虚、内有实热、患痔疮者忌食。

贴士

- 冬天喝姜汁牛奶有助于促进体内血液循环，增强抵抗力，健胃止呕，食用口感也非常好。
- 孕吐期间可每天进食，1次的分量可分上午、下午各服食1次，至呕吐减轻就可停服。姜汁牛奶味道非常甘甜可口，适合家中胃寒者和老人经常服食，对调节胃肠功能有所帮助。

1.2 腰酸、肚子疼或阴道流血

方一 桑寄生鸡蛋汤

功效

补肝肾
养血安胎

对症 妊娠腰酸，肚子隐痛

● 桑寄生

材料

桑寄生 15 g

鸡蛋 1个

烹饪方法

将桑寄生与带壳的鸡蛋洗净，一起放入锅中，加清水3碗，以大火煮开至鸡蛋煮熟，蛋壳剥掉后把鸡蛋重新放入锅中，转小火继续煮25分钟，加盐调味即成。

禁忌

平时火气较大、胃肠胀气、容易腹泻者慎食。

贴士

- 桑寄生有利尿、降压、抑菌、抗肿瘤、抗血栓以及抗心律失常的作用，对补益身体非常不错。但每次用量不宜过大，一次性大量服用易引起头晕、脑胀、咽喉灼热等不适，如出现上述症状应立即停止服用。
- 妊娠期出现腰酸、肚子隐痛等肾虚表现的孕妇都可服食桑寄生鸡蛋汤，每天1次，至以上不适消失就可停服。桑寄生煲汤有轻微的涩味，可加入蜜枣2个一起煮以改善口感。家中若有孕妇亦可服用。

方二 杜仲莲子汤

功效
补肾健脾安胎气

对症 孕后腰部隐痛，或有少许阴道出血，食欲不好

杜仲

莲子

材料

杜仲	20 g
莲子	20 g
猪排骨	250 g

烹饪方法

莲子洗净，去莲心。猪排骨洗净后切大段，与洗净的杜仲、莲子一起放入锅中，加清水5碗，武火烧开后改文火煮40分钟，调味即可食用。

禁忌

阴虚火旺、热性体质的人群慎用。

贴士

- 杜仲茶是以杜仲初春芽叶为原料，经专业加工而成的一种茶疗珍品，是中国名贵的保健药材，具有降血压、强筋骨、补肝肾的功效，同时对促进睡眠效果明显。
- 妊娠期出现脾肾虚弱，表现为腰部隐痛。轻微阴道流血，食欲不好的孕妇服食该汤，每天1次，至不适表现消失就可停服。该款汤味道甘香可口，也适合家人服用。

1.3 易疲劳，总觉得睡眠不足

方一 百合莲子猪心汤

功效
健脾益气
宁神安胎

对症 睡眠不好，不易睡着

材料

猪心	1个
莲子	30 g
百合	30 g
桂圆肉	10 g

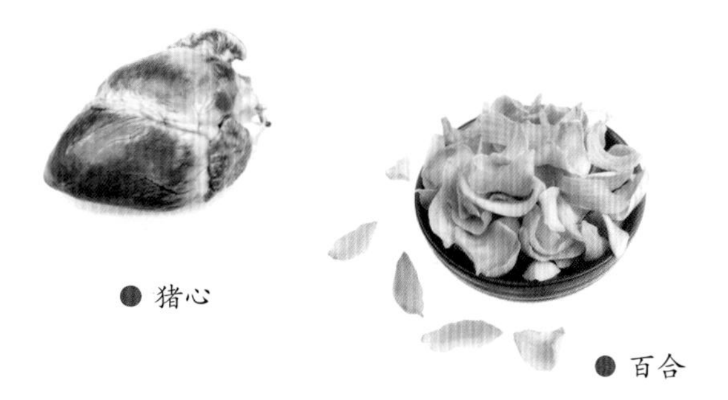

猪心

百合

禁忌

风寒咳嗽、脾虚腹泻及高血压者禁用。

烹饪方法

猪心、莲子（去心）、百合、桂圆肉洗净。把全部用料放入锅内，加清水5碗，武火煮沸后改文火煲30~40分钟（或以莲子煲软为度），调味即可。

贴士

- 百合含丰富的维生素、钙、钾，有利于促进身体代谢，延缓皮肤衰老，减少皱纹；百合含水解秋水仙碱，能滋养安神，对治疗忧郁、失眠效果显著。
- 睡眠不好的孕妇可服食百合莲子猪心汤，每天1次，睡眠好转后可停服。家里有睡眠质量不好者亦可服用。

方二 远志莲子心饮

功效

养心安神
助眠安胎

对症 睡不安稳，多梦，晚上容易醒

材料

远志	10 g
莲子心	5 g
鸡心	3个
蜜枣	2个

● 莲子心

● 远志

禁忌

有胃炎及消化性溃疡的孕妇慎用。

烹饪方法

将洗净的远志、莲子心、鸡心与蜜枣一起放入锅中，加清水4碗，用武火煮沸后改文火煮15分钟，将饮汁倒入保温杯中，分次饮用。

贴士

- 远志经过蜜炙后，能减少对胃的刺激，并能化痰止咳。
- 妊娠期间睡眠不安稳、多梦的孕妇可饮用，每天1次，睡眠质量改善后可停服。该款汤味道可口，也适合睡眠不好的家人服用。

孕中期 2

孕妇们到了孕13周至26周时，由于早孕反应消失，很多孕妇的食量明显加大。因为胎盘已经形成，胎儿进入了相对比较安全的阶段，孕妈们熬过了前期的呕吐和不适，到了中期就比较舒服了。

这个时期不可太累，饮食上应吃容易消化的食物，不要认为身体虚就大补一通，若过度进补，摄入太多营养，则营养物质不但不能被身体吸收，还会因无法被分解而变成毒素，损害准妈妈的健康，伤害腹中的宝宝。另外，孕中期胎儿开始长大，由于子宫逐渐增大，肠子上移，这时候如果不注意饮食就特别容易胀气；同时增大的子宫往下会压迫膀胱和直肠，所以小便会比较频繁，大便也会不通畅。可在早晚适当做轻微的运动，如吃完饭后和家人一起去公园散步。孕妇应该保持心情平静，情绪激动会导致宫缩，宫缩后胎儿缺氧，就容易造成流产或胎死腹中。除此以外，应规律作息，睡眠充足，保持精神饱满，这样不仅有利于胎儿发育，还可帮助孕妇有足够的精力来应付孕期可能出现的一些状况。

妊娠小便排泄不畅

方一 螺肉煲西葫芦

功效

健脑明目
利水消肿

对症 小便色黄不畅；
目赤；
痔疮

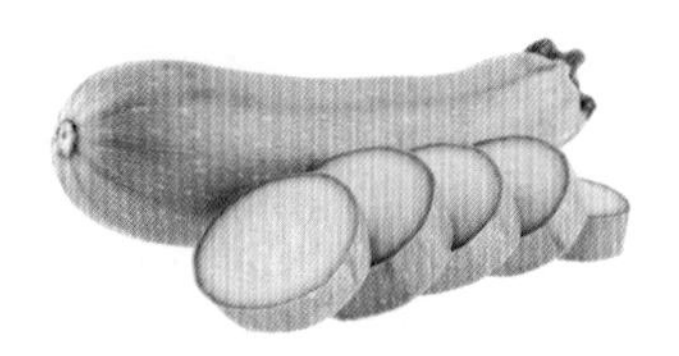

● 西葫芦

● 枸杞子

材料

螺肉	150 g
土鸡	250 g
西葫芦	1个
枸杞子	10 g
生姜	3片
精盐	适量

禁忌

脾胃虚寒、容易腹泻及风寒感冒期间的女性忌食。

烹饪方法

将螺肉、土鸡、枸杞子洗净；西葫芦洗净，去皮，切方块备用。净锅上火倒入清水5碗，放入生姜、螺肉、鸡块、枸杞子，武火煮沸后改文火煲30分钟，再改中火煲20分钟，放进西葫芦块煲至熟，下盐调味即可。

贴士

● 螺肉含有丰富的维生素A、蛋白质、铁、钙等人体必需的元素。但螺肉性偏寒，食用时最好加适量生姜，以避免寒性，并增加食疗的效果。

● 妊娠期间出现眼睛红赤、小便色黄不畅或痔疮症状，可每天服食1次螺肉煲西葫芦汤，连续服食5~7天，不适表现改善便可停服。该款汤味道鲜美可口，也适合有对应症状的家人服用。

方二 玉米须煲鲫鱼

功效

消肿利水
益气安胎

对症 小便量少色黄，容易下肢水肿

材料

玉米须 30 g

鲫鱼 1条

生姜 5片

玉米须

鲫鱼

禁忌

阳虚体质和虚寒体质的女性不宜饮用。

烹饪方法

鲫鱼去鳞，去内脏，洗净，备用。烧红油锅，放入生姜，煎至微黄，放入鲫鱼，煎至微黄，加清水5碗，武火煮至汤发白，放进玉米须，改文火煲30分钟，撒上葱花，下精盐即成。

贴士

- 玉米须有利尿作用，可以增加机体氯化物的排出量，对各种原因引起的小便不利、水肿都有一定的效果；还可防治妊娠糖尿病、习惯性流产、妊娠肿胀、乳汁不畅等。玉米须茶不仅味道微甜，对身体也好处多多。

- 每天服食1次，连续服食3~5天，小便量恢复正常、颜色淡黄便可停服。该款汤味道鲜美可口，在湿气较重的春季，适合家人服用。

3 孕晚期

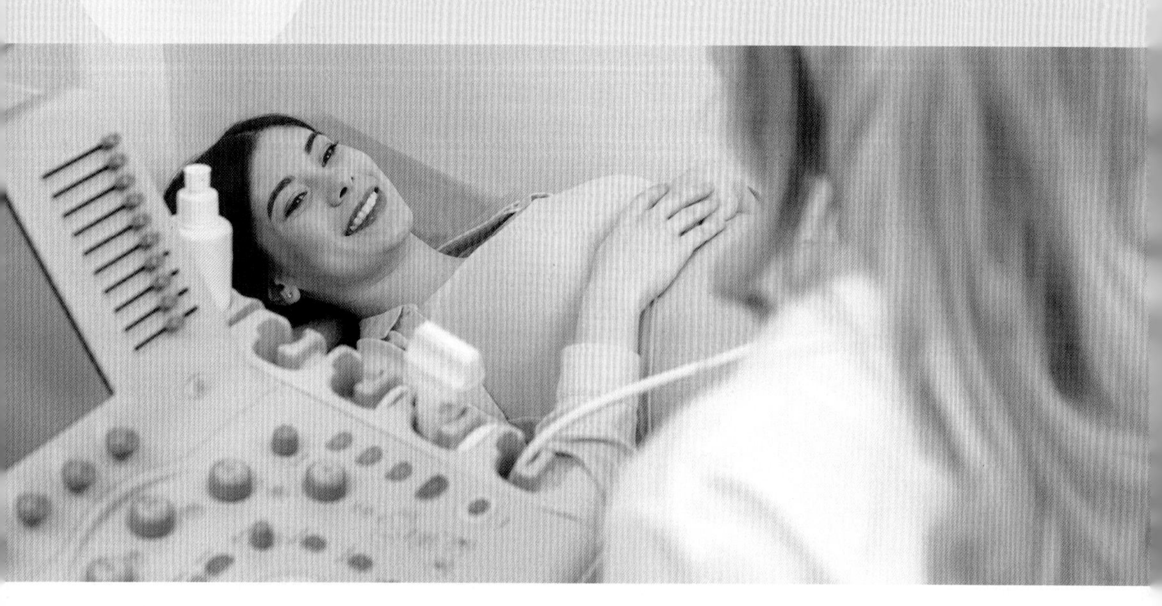

准妈妈们进入孕晚期可能会感到行动特别不便，腹部越来越隆起，动作变得迟缓。这是你和宝宝的最后一关。顺利渡过这一关，你就可以和亲爱的宝宝见面了！

孕晚期时，正常宝宝的头就要进入骨盆了，这时候准妈妈的下腹部和腰骶部因受到压力，容易感到酸胀；有时会觉得肚子一阵一阵地发紧（是轻微的宫缩），出现这些情况要先休息，舒缓情绪，可以听一些舒缓的音乐，休息好后才可以去做其他的工作。要注意不要蹲太长时间，以免对子宫和胎儿造成压迫；为了保证我们腹部左侧为腹腔供血的大动脉不受压迫，睡觉时最好是右侧卧位，这样可以减少对腹部供血的大动脉的压迫，保证胎儿的血液循环，孕妇也不容易胸闷。同时，还可以用一个薄薄的垫枕，在侧卧时放在腹部下方，垫起膨隆的腹部，这样孕妇会感到舒服很多。孕晚期的许多孕妇比较容易出现水肿和高血压，所以不要吃得太咸，应减少钠离子的摄入量，降低水肿的概率；饮食要清淡，尤其要少吃油腻的食物，以减轻脾胃的负担，同时也可以稳定血压；饭后要坚持散步，来增加肠胃的蠕动。如果在孕中期、孕晚期出现水肿伴有血压升高，建议到医院检查是否有蛋白尿。妊娠期易产生高血压、蛋白尿和水肿等疾病，统称妊娠高血压疾病，该病会严重影响母婴健康，是引起孕产妇和围产儿死亡的主要原因之一，要及时防治。

3.1 妊娠高血压

方一 杜仲煲排骨

功效 补肾强腰 降压安胎

对症 高血压，容易腰酸背痛

材料

材料	用量
杜仲	10 g
芹菜	50 g
排骨	250 g
生姜	3片

● 杜仲

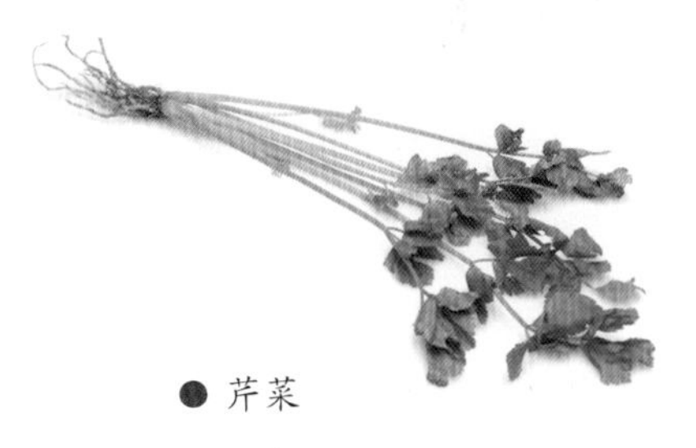

● 芹菜

烹饪方法

洗净芹菜，切成小段；将洗净的排骨斩成块，放进锅中热水中先飞水，捞起备用。将杜仲、排骨、生姜一起放入锅中，加清水6碗，武火煮沸，改文火煲约35分钟，调成中火，放入芹菜，稍煮片刻至熟，下精盐调味即可。

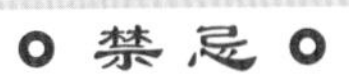

禁忌

杜仲是滋补身体的助阳中药，食用时千万要注意适量，阴虚发热的人群慎食。

贴士

- 杜仲和芹菜具有补肾、镇静、降压的作用，血压偏高的孕妇可以多用杜仲泡茶。根据个人口味，可适量加入蜂蜜、菊花，味道就更好了。
- 产检发现妊娠高血压者，开始时每天服食1次，连续服食2周，以后隔天服食1次配合治疗，至血压恢复正常可停服。该款汤味道可口，如果家人有高血压也可服用。

方二 茯神桑葚汤

功效

益肾宁心
降压安神

对症 血压高，睡眠质量不好

材料

茯神	10 g
鲜桑葚	30 g
冰糖	适量

● 茯神

● 鲜桑葚

禁忌

肾虚，小便不利或不禁、虚寒滑精者慎服。

烹饪方法

将茯神在冷水中浸泡5分钟，用纱布包住，放入锅中，加清水2碗，武火煮沸后改中火煮15分钟，去渣留药汁，倒入洗净的鲜桑葚，中火煮10分钟，加进冰糖调味即可。

贴士

● 茯神有宁心、安神、利水的作用，与桑葚、冰糖合用，对神经衰弱、失眠、便秘的人群有补益肝肾、养阴润燥的效果。

● 睡眠不好的孕妇可每天服食茯神桑葚汤，每天1剂，最好晚上睡前1小时左右服食，至睡眠改善可停服。该款汤味道可口，也适合有相应症状的家人服用。

3.2 妊娠水肿

方一 黄芪乳鸽汤

功效 补中益气 补虚消肿

对症 容易疲劳，水肿，小便基本正常

材料

材料	用量
黄芪	10 g
乳鸽	1只
黄精	15 g
生姜片	3片
陈皮	2瓣

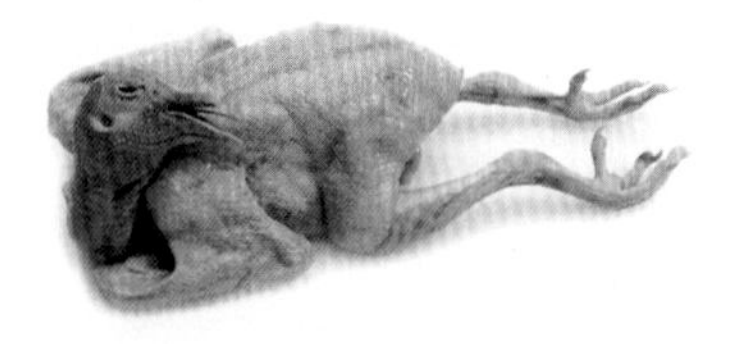

● 乳鸽

● 黄芪

烹饪方法

乳鸽去毛、除内脏，洗净后与洗净的黄芪、黄精、生姜、陈皮一起放入炖盅内，加清水3碗，隔水炖2小时，调味即可，分2~3次食完。

禁忌

黄芪服用过多容易出现上火表现，如多梦、咽痛、心情烦躁等。

贴士

- 鸽肉营养丰富，若选择油炸方法食用，会降低营养价值。
- 每天服食1次，连续服食7天。精神好转，水肿消退后，改隔天1次，再服5~7天便可停服。该款汤味道美味可口，适合有相应症状的家人服用。

方二 赤小豆煲鲤鱼

功效

滋养补虚
利水消肿

对症 小便偏少，颜色发黄，水肿

材料

赤小豆 150 g

鲤鱼尾 500~800 g

禁忌

赤小豆有利水、利尿的作用，肾虚、尿频及夜尿过多的人不宜服用。

烹饪方法

将鲤鱼尾去鳞、除内脏，清理干净，然后在鱼的两面各划一刀，备用。生姜洗净切片，葱洗净后切丝，与赤小豆、鲤鱼尾一起放入锅中，加清水6碗，武火煮沸后改文火煲2小时，调味即可。

贴士

- 赤小豆尽量不要和羊肉同食，否则容易影响消化功能；赤小豆微炒，水煎代茶饮服，可以治疗产后腹痛。

- 每天服食1次，连服5~7天，待水肿消退，小便恢复正常后改隔天1次，再连续服食5天便可停服。该款汤味道鲜美可口，适合家人经常服用，可以预防湿气侵扰。

五、不孕篇

1 肾虚型（腰酸膝软）不孕

2 肝郁型（性情急躁）不孕

3 痰湿型（肥胖或痰多）不孕

4 血瘀型（脸色或唇暗滞）不孕

1 肾虚型（腰酸膝软）不孕

不孕症的发生不仅影响女性的身体健康，更重要的是长期不孕可能影响夫妻感情，导致离婚。

在不孕症患者中，以肾虚型不孕为主，肾虚并不只是男人才会患，作为五脏之一的肾，它对于女人有着更为重要的意义。中医认为，肾是人体先天之本，肾主持着人体诸多极为重要的功能。女性也会出现肾虚，女性肾虚的一般表现是腰痛膝软、容易怕冷、头晕健忘、性欲下降等。性欲过度、晚上太晚睡觉、思虑过多等都是肾虚的常见原因。而对于白领阶层而言，特别要注意不可坐得太多、太久，长时间坐着不动，人体腹腔承受巨大的压力，腹腔和下半身的血液循环受到阻碍，人的整个身体气血运行就会受到牵连。于是，人会觉得越坐越累，越坐腰部肌肉越没有力。所以有时候，因工作需要久坐的人，做俯卧撑也做不来，因为腰力不够。

方一 菟丝子煲牛骨髓

功效

滋补肝肾
强壮助孕

对症 不孕者，腰痛，性欲减退

○ 材料 ○

菟丝子	10 g
牛骨髓	150 g

● 菟丝子

○ 禁忌 ○

阴虚火旺者慎用。

○ 烹饪方法 ○

将菟丝子和牛骨髓分别用水洗净，一起放入锅中，加清水3碗，武火煮沸后改文火煮30分钟，加盐调味即可。

○ 贴士 ○

- 可将菟丝子捣碎泡茶，加入适量冰糖，长期饮用能养肝明目。
- 每天服食1次，可连服1~2个月。这款汤味道鲜味可口，有相应症状的家人亦可服用。

方二 黑枸杞干姜炖海参

功效

滋阴补肾
暖宫助孕

对症 婚后多年不孕，腰背酸痛，睡眠质量差

材料

黑枸杞	10 g
海参	3个
姜片	5 g

黑枸杞

海参

禁忌

有高血压、性情急躁、感冒发烧者不宜服用。

烹饪方法

将水发海参洗净，切成大块。将海参、姜片放入炖盅中，加清水2碗，隔水炖1小时，放入黑枸杞，继续炖20分钟，调味即可。

贴士

- 食用黑枸杞的同时喝浓茶，会影响身体对黑枸杞有效成分的吸收，降低其疗效。最好在食用黑枸杞2~3小时后再喝茶。
- 隔天服食1次，可连服4~8周。这款汤味道鲜美可口，适合家人服用。

肝郁型（性情急躁）不孕 2

性情急躁、爱生气也是女性不孕的原因之一，这一点常被人们忽视。

现今，生活节奏的加快令女性无论是在工作上还是在生活上都颇有压力，而这种压力往往容易导致情绪上的波动。爱生气也是女性不孕的原因，可能许多人会难以置信，但事实上，爱生气的女人常会因肝郁而不孕。

肝郁型不孕的人，月经期间多会乳房胀痛，烦躁易怒，容易放屁，嗳气，情绪不稳定。情绪不稳定，内分泌的调节就会异常，而神经调节网络异常，说明神经系统总司令部已经形成损伤，相对应地，人体内分泌就很难及时得到有效调节，这就会引起不孕症。对于肝郁型不孕的人，最关键的是疏导肝气，让肝的疏泄功能正常，可以用药膳的方法，用靓汤去调节就挺好的。除此以外，多讲话、唱歌、大叫也可以疏肝郁。通过这样的方式对情绪进行宣泄，会好很多。

方一 佛手煲兔肉

功效

疏肝解郁
健脾和胃

对症 婚后不孕，经常胃部胀气，烦躁易怒的人

● 佛手

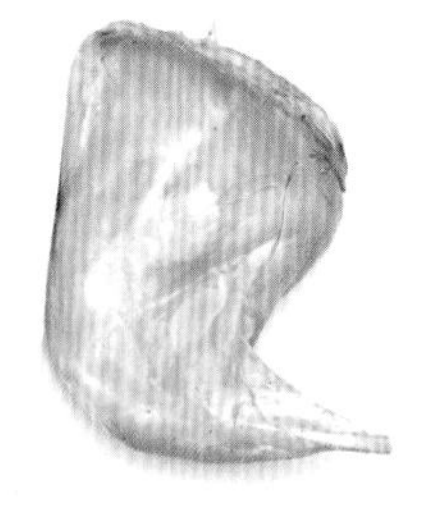
● 兔肉

材料

佛手	30 g
兔肉	300 g
生姜	3片

禁忌

阴虚内热体质者少食。

烹饪方法

洗净兔肉，斩成块，放入沸水中烫一下，捞起；把佛手、兔肉与生姜片一起放入锅中，加清水5碗，武火煮沸后，改文火煲1小时，调味即可。

贴士

● 兔肉汤中放入少量桂圆肉，可以去除异味，让汤更美味。

● 每隔2天服食1次，可连服10~15天。也可用佛手片10 g泡水代茶，频频饮用。这款汤味道可口，家人亦可服用。

方二 香附炖猪肝

功效

疏肝理气
解郁助孕

对症 婚后不孕或反复流产，食欲不佳，经前乳房胀痛

材料

香附 10 g

猪肝 150 g

猪肝

香附

禁忌

阴虚血热者忌服。

烹饪方法

将猪肝洗净切片，加姜末、盐等拌匀，腌制片刻，备用。将洗净的香附置于锅中，加清水3碗，煮沸约20分钟后，去渣取汁，将腌好的猪肝倒入煮沸的药汁中，煮熟，调味即可食用。

贴士

- 用香附做日常饮食时，不可用铁器等金属制品煮制，以免影响药效的发挥；孕妇不宜食用。
- 每隔3天服食1次，饭后服，可连服7~10天。这款汤味道鲜美可口，家中的女性都可服用。

3 痰湿型（肥胖或痰多）不孕

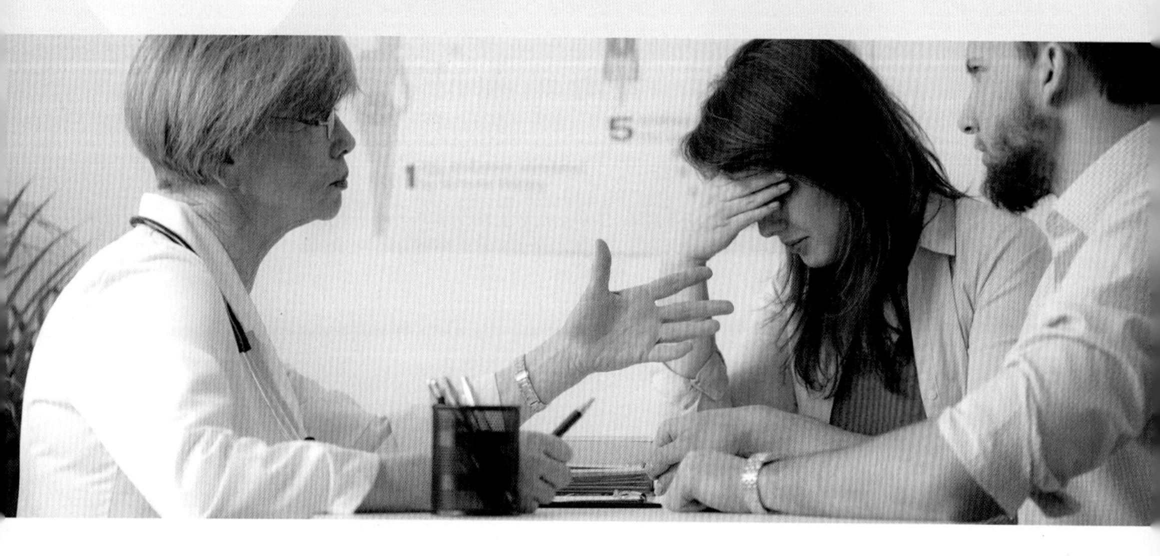

痰湿型不孕的人身体比较肥胖，近年来导致不孕的说法层出不穷，但是肥胖也会导致不孕，相信很多人都会觉得莫名其妙。

肥胖为什么会导致不孕呢？女性的月经周期和生殖功能的维持需要一定的脂肪贮存量和足够的营养环境，也就是说，人的体重对生殖功能的影响呈“n”形——体重极高或极低时，生育能力都会下降。有研究发现，肥胖女性在没有采取避孕措施的情况下，比正常体重的女性平均怀孕的时间推迟近9.5个月。如果肥胖女性同时有吸烟的习惯，那么就会使肥胖和延迟怀孕的关系更加密切。

一般肥胖型不孕的人会经常感觉有痰，严重的会觉得痰吞又吞不下去，吐又吐不出来，很黏稠，早上起床那段时间更加明显。中医有句话说，“肥人多痰湿”，就是说肥胖往往和痰湿有关。那么，调理这一类不孕症的关键就在于除痰湿。在临床上，女性表现得比较典型的就是多囊卵巢综合征了。因此，一定要控制体重，合理搭配饮食，同时多做运动，把体重减下来。

方一 荷叶山楂煲瘦肉

功效

清热消滞
开胃助孕

对症 不孕，身材肥胖，喜欢吃肉类食物

材料

荷叶	15 g
山楂	10 g
猪瘦肉	300 g

山楂

荷叶

禁忌

体质虚弱、脾胃虚弱及大便秘结者不宜服食。

烹饪方法

猪瘦肉洗净，切块，汆水，与洗净的荷叶、山楂一起放入锅中，加清水5碗，武火煮沸后，改文火煮30分钟，加盐调味即可食用。

贴士

- 中国自古以来便将荷叶奉为瘦身良药，“荷叶减肥，令人瘦劣”。荷叶含有多种化脂生物碱和大量纤维素，能有效分解体内脂肪，有助排便，清除毒素。
- 每天服食1次，饭前服食半碗，饭后1小时左右再服食1碗，可连服半个月左右。这款汤味道微酸可口，家人亦可服用。

方二 茯苓炒薏苡仁饮

功效
健脾养胃
利湿助孕

对症 婚后不孕，体型偏胖，脾胃虚弱，消化不良

材料

茯苓	10 g
炒薏苡仁	15 g

禁忌

孕早期忌食；平时不容易出汗及大便干结者不宜食用。

茯苓

烹饪方法

将茯苓、炒薏苡仁放入锅中，加清水3碗，武火煮沸后改文火煮30分钟，取汁代茶频频饮用。

贴士

- 薏苡仁比较难煮熟，先用温水浸泡2小时，再与茯苓一起煮，就容易熟软。
- 每隔3天服食1次，饭后服食，可连服3~4个月。这款饮品味道可口，家人亦可服用。

血瘀型（脸色或唇暗滞）不孕 4

由于瘀血的颜色是发深发暗的，所以瘀血型不孕的人往往脸色比较暗，嘴唇的颜色也会偏暗色，甚至脸上会有暗斑，同时她们的月经血块比较多。

为什么血瘀会导致不孕呢？如果我们将怀孕的过程比作播种，那么种子埋入地下之后，还需要经过一道工序才能发芽，这个工序就是浇水。而气血就相当于浇水。身体气血凝固，经络堵塞，气血流通不畅则无法将营养输送到子宫，这样的话，受精卵就很难着床，甚至容易出现流产、死胎、早产等问题。这一类体质的女性还是要以化瘀调气血为主，要吃一些中药和靓汤来调理气血。当血瘀化掉以后，皮肤会变得富有弹性、润泽，整个人的气色会很不一样。

方一 当归益母草煲鸡蛋

功效

补血祛瘀
调经助孕

对症 不孕，脸色发暗，月经有血块

材料

当归	10 g
益母草	10 g
鸡蛋	1个

益母草　　当归

禁忌

当归的药性比较燥烈，有口干舌燥、眼睛干痛、心烦失眠、大便稀烂表现者不宜食用。

烹饪方法

将洗净的当归、益母草以及带壳的鸡蛋放入锅中，加清水3碗同煮，鸡蛋熟后去壳再煮片刻，去渣，加红糖调味即成。

贴士

- 服用当归后尽量避免在太阳光下长时间暴露，因为当归性温，食后加上太阳的辐射，可能会使一些敏感体质者出现身体燥热、口干等不良反应。
- 每隔3天服食1次，饭后服用，可连续服食20~30天。这款汤味道可口，家中的女性脸色发暗者都可服用。

方二 大蒜洋葱煲鸡

功效

温中行血
排毒助孕

对症 不孕，口唇发暗，月经色暗

材料

鸡	1只
洋葱	30 g
大蒜	1头

洋葱

大蒜

禁忌

患有皮肤病、肠胃疾病、眼睛类疾病者不宜吃洋葱。

烹饪方法

先将锅烧热，放入植物油，将洗净切成段的大蒜爆炒，闻到蒜香味再将洗净的鸡块放入锅中翻炒10分钟，加清水5碗，煲40分钟，最后下洋葱丝，调味即可。

贴士

- 大蒜不宜空腹吃，会造成胃部不适。
- 每隔2天服食1次，饭后服用，可连续服食10~20天。这款汤味道香甜可口，家人均可服用。

六、产后篇

1 月子

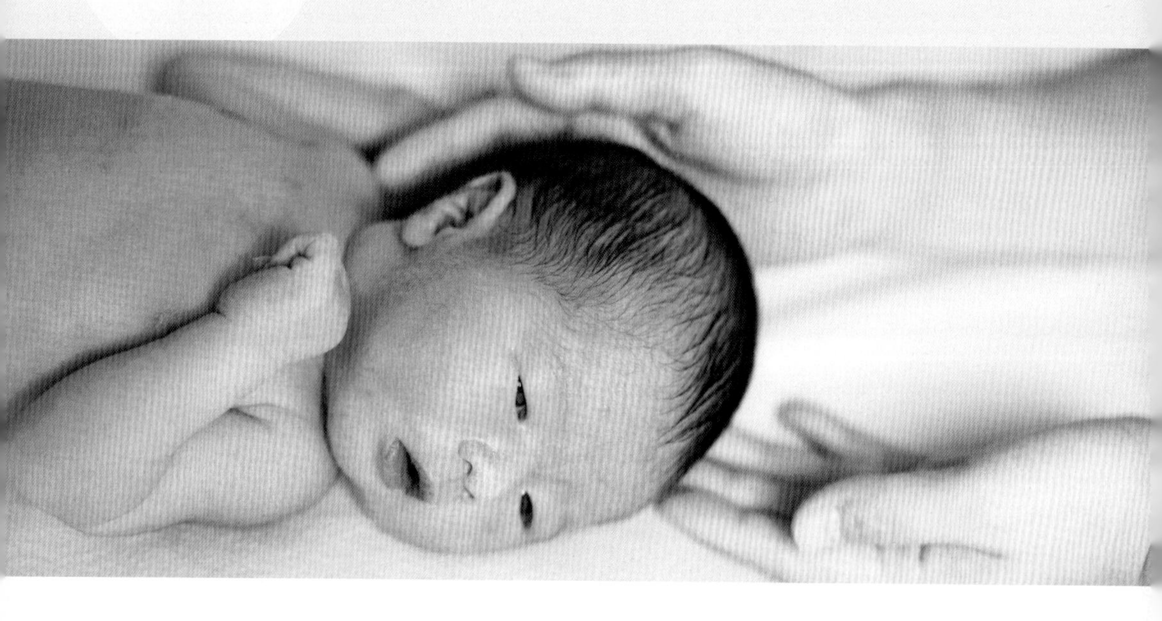

常听年长的人说：月子病，月子攒下了就不好治……坐月子对于女人来说，是一件非常重要的事。

如果说婚姻是女人的第二次生命，那么坐月子就是生殖健康的第二次生命。妊娠时孕妇的身体在很多方面会发生明显变化，产后月子期是使子宫包括全身各个组织器官恢复到正常生理状态的关键时期，如果保健不当，会引起多种产后疾病。可见在月子期充分休息，补充营养很重要，因为牵挂孩子而睡得不好，不能好好休息，以后就容易腰酸背痛。产妇身体肌腱的松弛，再加上产时的出血，身体变得虚弱，抵抗力也比较差，要特别注意保暖。月子期间一定不能被风直吹，一旦受风寒，全身就会有不舒服的感觉，甚至引起产后风、产后身痛的毛病。如果不好好处理，病痛可能会跟随一辈子，到了老年会更加严重。产后恶露是每个产妇都会遇到的，正常的流恶露是3周左右，其中血性恶露2周左右，浆性恶露一周左右。如果恶露时间比较长或是感到腹痛，就需要吃一些活血化瘀、生新的药物或是进行食疗，以此帮助子宫收缩，缩短恶露的时间。

1.1 剖宫产

方一 炮姜鸡汤

功效 补虚暖宫 活血化瘀

对症 产后畏寒怕冷，恶露时间长

材料

炮姜	10 g
土鸡	250 g

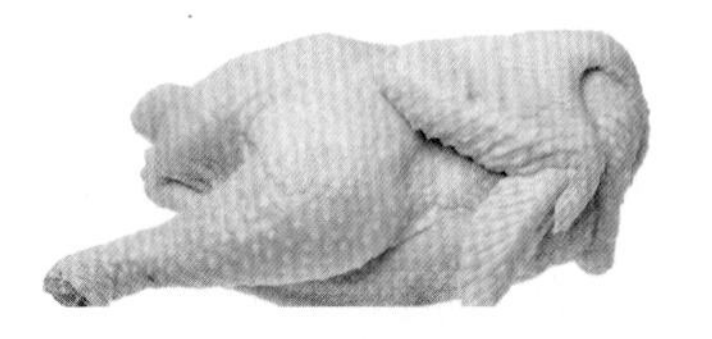

● 土鸡

禁忌

炮姜性温，阴虚内热，口干咽燥，失眠多梦，身体发热，大便秘结的产妇禁食。

烹饪方法

将炮姜切成姜丝，放入热锅中，小火翻炒，直到姜丝发暗，然后将炒好的姜丝与洗净的土鸡一起放入锅中，加清水5碗，武火煮沸，改用文火煮30分钟，加盐调味即成。

贴士

- 炮姜与土鸡同煎内服，针对产后身体虚弱、阴道流血、腹痛等，有补虚暖宫、温暖脾胃、促进产后子宫修复、止血止痛的效果。
- 产后第3天可以服食炮姜鸡汤，每天1次，连服5~7天。该款汤因含炮姜，味道有些辛辣，但适合坐月子的女性。家有胃寒的亲人亦可服用。

方二 黑木耳黄酒煲鸡

功效

健脾补血
祛瘀生新

对症 产后体弱，恶露时间长

材料

乌鸡	半只
生姜	7片
黑木耳	100 g
黄酒	3勺

黑木耳

禁忌

黄酒一般3勺，看个人情况，酒力不好者不要多饮，以免醉酒。

烹饪方法

乌鸡去内脏，洗净。将洗净的黑木耳、乌鸡、生姜片一起放入砂锅内，加清水6碗，武火煮沸后，加黄酒3勺，文火煮1小时，调味即可。

贴士

- 适当饮用黄酒，可以促进子宫收缩，舒筋活络，改善疲劳状态。
- 产后第3~5天可以进食，每天1次，连服7天。该款汤有些酒的味道，不能喝酒的女性，黄酒剂量可以改用1勺。有相应症状的家人亦可服用。

1.2 胎儿娩出后24小时内出血量较多

方一 藕节炖猪脊骨汤

功效

补肾养血
祛瘀止血

对症 产后腰酸，恶露时间长

材料

猪脊骨	100 g
藕节	5个
当归	10 g

当归

烹饪方法

藕节洗净，切碎；猪脊骨洗净斩件，汆水，捞起洗净。将所有材料一起放入锅中，加清水5碗，以武火煮沸后，转文火煲约40分钟，加盐调味即可。

禁忌

不要用铁锅盛放，以免影响疗效。

贴士

- 藕节是两段莲藕的连接部分，是一种中药。藕节既能收敛止血，又能化瘀，止血而不留瘀，是非常适合调治产时出血的食材。
- 产后血性恶露超过10天未干净就可开始服用，每天1次，连服7~10天。该款汤味道可口，家人有月经过多或月经时间超过7天不干净者亦可服用。

方二 当归泥鳅汤

功效

补养气血
暖宫补虚

对症 产后精神疲倦；
产后头晕，恶露时间长

材料

当归	15 g
泥鳅	250 g
桂圆肉	15 g
生姜	5片

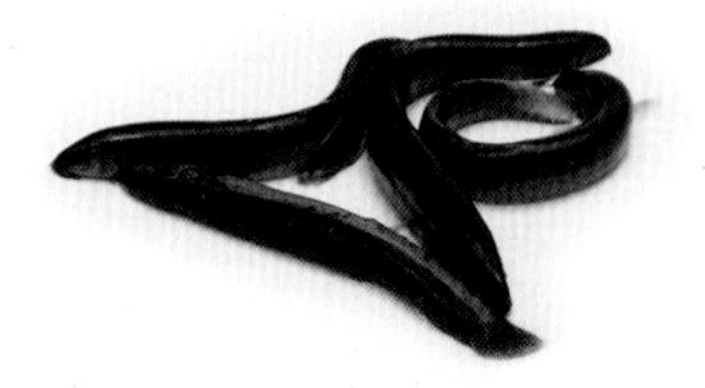

泥鳅

桂圆肉

烹饪方法

将泥鳅洗净，去除内脏，汆水去除黏液，与当归、桂圆肉、生姜等一起放入锅中，加清水5碗，武火煮沸后，改文火煮30分钟，调味即成。

禁忌

当归的药性比较温燥，凡有阴虚内热者，如五心烦热、口干舌燥、眼睛干涩、大便稀烂者则不宜服用。

贴士

- 阴虚的妇女使用当归时，用量不要太大，与5 g甘草一起煮汤，可以缓解当归的温燥，不容易上火。

- 产后就可进食，每天1次，至恶露干净就可停服。该款汤味道鲜美可口，适合家里有相应症状的女性服用。

产后 2

产后是指坐月子及喂奶、带宝宝一直到正常上班这段时期。

产后的宝妈们要注意适当休息。宝妈经历了生产的体能高消耗过程，又要经历照顾自己到照顾自己和刚出生宝宝的过程，适当的休息是非常有必要的。世界卫生组织提倡母乳喂养，因为母乳里面含有很多宝宝成长所必需的营养成分，能够提高孩子的免疫力，所以母乳喂养是非常重要的。那么怎么样才能保证乳汁充分呢？一是要有充足的睡眠，晚上早点休息，把宝宝喂奶的时间合理安排好，尽量不要熬夜。二是要保持好的心情，有些妈妈在带孩子的时候会心情不好，甚至患上严重的产后抑郁，这样就特别容易回乳。三是饮食方面，要注意营养的均衡搭配，纤维素、蛋白质、脂肪、热量、碳水化合物都要均衡。妈妈在喂奶时要注意对乳房的保护，避免乳头感染，同时注意每次宝宝吃完奶后，要将乳房里剩余的奶水挤出来，以避免乳液淤堵，淤堵久了就可能不出奶了。另外，要经常用带肥皂液的毛巾轻轻按摩乳头，使乳头皮层增厚，避免吮吸后乳头皲裂。

2.1 产后发热

荷叶冬瓜瘦肉汤

功效
清热养阴
祛湿退热

对症 心烦气躁，肺热咳嗽，痰黄稠

材料

鲜荷叶 1张

鲜冬瓜 500 g

猪瘦肉 250 g

禁忌

荷叶性偏寒，脾胃虚寒的人群不建议喝荷叶汤；气血虚弱者也须谨慎服用。

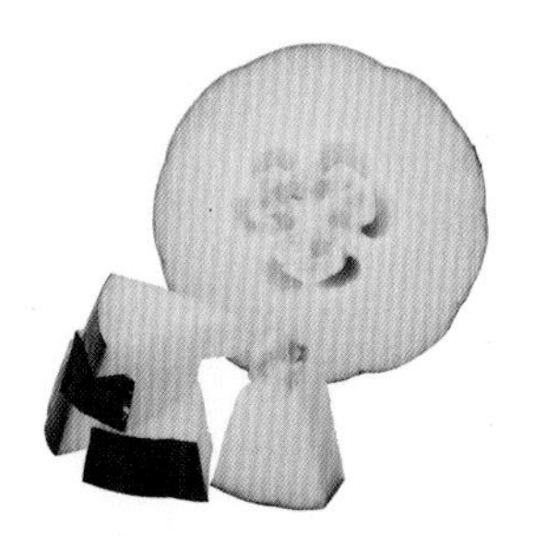

鲜冬瓜

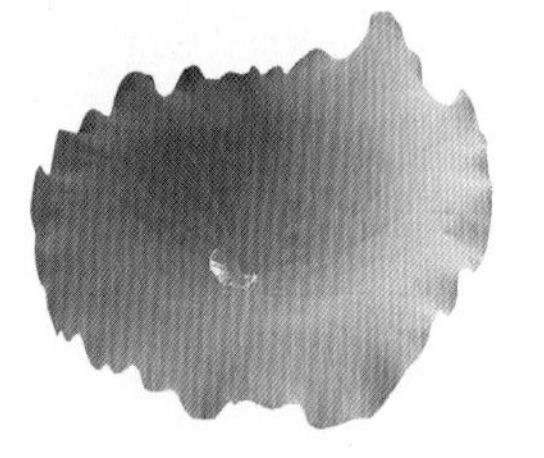

鲜荷叶

烹饪方法

荷叶洗净，剪碎。冬瓜连皮带籽，切成大块，与洗净的瘦肉一起放入煲内，加清水6碗，武火煮沸后下荷叶，转中火煮40分钟，熟后调味即可。

贴士

- 荷叶色青绿，气芬芳，是传统药膳中的常用原料。近代研究证实，荷叶可清暑利湿，升发清阳，止血，降血压，非常适合产妇食用。
- 产后出现发热就可以进食，每天1次，至体温正常就可停服。该款汤味道可口，夏天每周给家里的小孩服食1~2次，可以预防中暑或发热。

恶露含有大量血液，时有小血块或胎膜排出，时间超过 1 周 2.2

方一 藏红花贯众炭饮

功效

补肾
化瘀
除热

对症 产后发热；
产后恶露伴暗红色血块

材料

藏红花	5条
贯众炭	10 g
红糖	适量

藏红花

红糖

禁忌

孕妇和备孕的女性、阴虚内热及脾胃虚寒的妇女不宜食用。

烹饪方法

将藏红花、贯众炭和红糖放进保温杯中，加开水浸泡30分钟，替代每日茶饮，最后将藏红花嚼服。

贴士

- 每次服用藏红花的量不能太大，每天最多不超过7条；贯众炭是一味中药，与藏红花合用，可增强化瘀止血的效果。
- 产后血性恶露超过10天不干净就可服用，每天1次，连服7天。该款茶饮味道有些涩，加入适量红糖可改善口感。

方二 当归排骨汤

功效

补虚养血
行气化瘀

对症 产后恶露，时间超过 3 周

材料

排骨	200 g
当归	12 g
陈皮	15 g

当归

陈皮

禁忌

肠胃虚弱、大便不成形的人不宜多吃。

烹饪方法

排骨洗净，飞水，切成大块，备用。锅中加清水5碗煮至沸腾时，放入当归、陈皮和排骨，武火煮沸后，改用文火继续煮约40分钟，加盐调味即可食用。

贴士

- 熬排骨汤可加2~3滴白醋，使汤味鲜美。
- 为预防产后恶露长时间不干净，产后5天就可以开始服用，每天1次，连服7~10天。该款汤味道可口，也适合月经后的女性饮用，有补血祛瘀的效果。

2.3 生完宝宝后身体有酸楚、疼痛、麻木、发重等感觉

方一 鸡血藤煲猪脊骨

功效

养血通络
补血止痛

对症 产后身痛、怕冷

材料

材料	用量
鸡血藤	20 g
猪脊骨	500 g
生姜	5片

猪脊骨

鸡血藤

禁忌

服用鸡血藤片要按照用法、用量服用，如果需要长期服用须咨询医生。

烹饪方法

猪脊骨洗净，汆水，所有食材一起放入锅中，加清水6碗，武火煮沸后，改文火熬煮1.5小时，精盐调味即可食用。

贴士

- 购买鸡血藤时以色棕红、质硬、断面横纹较多、中等粗细为佳品。
- 产后出现身痛现象就可以服用，每天1次，至上述不适表现消失便可停服。该款汤味道可口，也适合骨骼容易疼痛的家人服用。

方二 胡椒根煲老鸡

功效

温经通络
驱寒止痛

对症 坐月子期间，吹风导致的身痛

材料

猪脊骨	250 g
胡椒根	30 g
老母鸡	半只
生姜	15 g

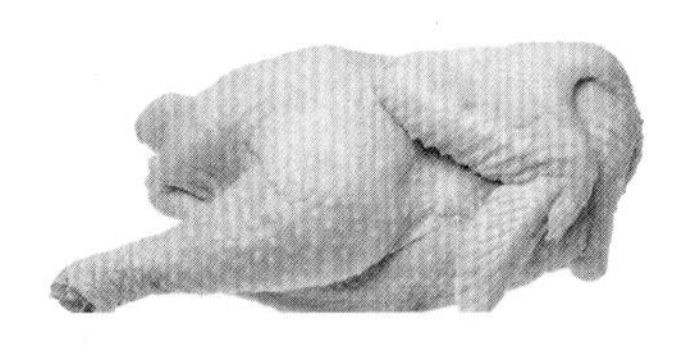

老母鸡

烹饪方法

猪脊骨洗干净，斩成小段，焯水，备用。老母鸡洗净，切块，焯水后与猪脊骨、胡椒根、生姜等食材一起放入砂锅中，加清水6碗，武火煮沸后，改文火煲1小时，调味即可食用。

禁忌

湿热内蕴、风湿热痹的产妇不宜食用。

贴士

- 胡椒根与猪脊骨、鸡肉一起煲煮的时间不宜太久。
- 每天1次，连续服食15~20天。该款汤味道鲜美，稍辣可口，如果家人有身痛兼身体怕冷的也可以服食。

2.4 产后每天睡觉出很多汗，衣服都湿透

方一 人参炖嫩鸡汤

功效

益气补血
补肾止汗

对症 产后白天汗多；
产后食欲不振

材料

鲜人参	1支
枸杞子	10 g
冬菇	15 g
嫩母鸡	半只

● 鲜人参

● 枸杞子

烹饪方法

材料分别洗净，冬菇浸泡至软，切除蒂部；嫩母鸡去尾部、脏杂。将上述食材一起放入炖盅，加清水3碗，武火煮沸后，改文火煲2小时，下精盐调味便可。

禁忌

人参不可用铁锅、铝锅煎煮。

贴士

产后即可服食，每天1剂。可连服10~15天。该款汤鲜美可口，亦适合有相应症状的家人服食。

方二 青蚝牡蛎节瓜汤

功效

养心滋肾
安神止汗

对症 产后晚上汗多，睡眠多梦

◎ 材料 ◎

青蚝	150 g
牡蛎	30 g
节瓜	1个

牡蛎

节瓜

◎ 禁忌 ◎

牡蛎性微寒，肠胃虚寒或容易腹泻的人群不宜多食。

◎ 烹饪方法 ◎

节瓜洗净，去皮，切成大块，备用。将洗净的青蚝、牡蛎一起放入锅中，加清水5碗，武火煮沸后，改中火煮20分钟，放入节瓜块，改用文火再煮20分钟，调味即可食用。

◎ 贴士 ◎

- 牡蛎含有大量锌，与高纤维食物同食，会降低人体对锌的吸收。
- 出现产后晚上汗多的现象就可服食，每天1次，连续服食7~10天。该款汤味道鲜美可口，出现盗汗现象的家人亦可服用。

产后超过 48 小时没有排便或排便困难 2.5

方一 西红柿鸡蛋汤

功效 滋养通便

对症 产后大便不畅，气虚头晕

材料

西红柿	2个
鸡蛋	2个

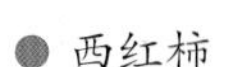
● 西红柿

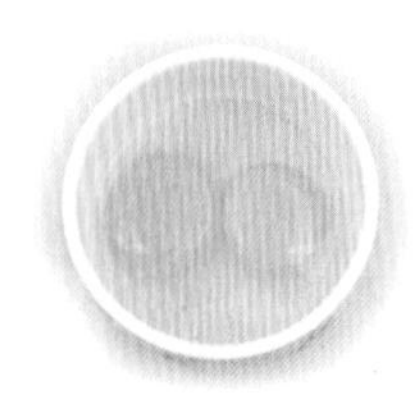
● 鸡蛋

烹饪方法

将洗净的西红柿切成块状；将鸡蛋打入碗中，搅拌均匀。烧红油锅，倒入西红柿煸炒，炒至西红柿出红汤后，倒入开水2碗，继续用大火煮至汤色变红，将鸡蛋液按螺旋状搅打后倒入西红柿汤中，待鸡蛋液形成蛋花状后再缓缓把蛋花搅匀，最后加适量盐调味即可。

贴士

● 做西红柿鸡蛋汤，关键是要将西红柿煸炒至软烂出汤后再加开水，这样做的目的是让西红柿的味道更容易入汤。西红柿有美容、抗衰老、护肤、防癌等功效。

● 产后多进食西红柿鸡蛋汤，可增加营养，补益气血，还有益于通畅大便。每天1次，连服5~7天。该款汤味道可口，家人亦可服用。

方二 淮山地瓜鱼头汤

功效

补益气血
健脾通便

对症 便秘，排便周期大于1天且没有便意

材料

鲜淮山	1条
地瓜	2个
鱼头	1个
生姜	3片

禁忌

有黑斑的地瓜，其黑斑里的病毒不易被高温破坏与杀灭，容易引起中毒反应，出现发热、恶心、呕吐、腹泻等一系列中毒症状，甚至导致死亡。

烹饪方法

鱼头洗净，除去鱼鳃内污物；淮山和地瓜洗净，去皮，切成小块，备用。烧红油锅，放入姜片，爆炒至微黄，放进洗干净的鱼头煎至微黄，倒入清水6碗，煮40分钟，煮至鱼头汤奶白色，放入淮山、地瓜，煮熟后，调味，喝汤吃鱼头。

贴士

- 煮鱼汤先用大火烧开，改中小火煮至汤汁奶白鲜美。
- 产妇分娩后身体虚弱，产后容易出现大便秘结，经常服食淮山地瓜鱼头汤能帮助大便通畅。每天1次，连服7~10天。该款汤味道鲜美可口，家里的小孩或老人大便不畅亦可服用。

2.6

乳汁不足，不能满足宝宝

方一 花生章鱼猪脚汤

功效

益气血
填肾精
充乳汁

对症 乳汁过少，精神疲倦，总睡不够

材料

猪脚 1只

章鱼 （大章鱼1只 小章鱼5只）

花生 100 g

姜 2片

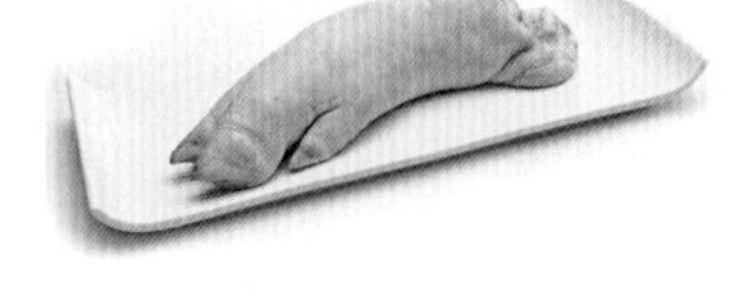

● 花生 ● 猪脚

烹饪方法

猪脚刮净毛，斩成大块，洗净，飞水，盛起沥干水分；章鱼浸软，洗净，撕成条状。猪脚、章鱼与洗净的花生一起放入瓦锅中，加清水6碗，武火煮沸后，改文火煮1小时，下食盐调味即可。

禁忌

有荨麻疹史、胆固醇高、胆结石、高尿酸血症、痛风的产妇应少食章鱼。

贴士

● 购买猪脚时最好让卖家处理好，剁成块，自己操作起来很费劲。

● 章鱼不能与柿子一起吃，那样会导致腹泻。

● 产后7天就开始服食，隔天1剂，连服7~10天，可有效促进乳汁分泌。该款汤味鲜可口，适合家里有相应症状的女性服用。

方二 木瓜鱼尾汤

功效

补脾益气
健胃通乳

对症 乳汁不足，食欲不振

材料

木瓜 750 g

鲩鱼尾 500 g

生姜片 20 g

● 木瓜

● 鲩鱼尾

禁忌

木瓜性偏寒，有肠胃疾病的产妇食用要谨慎。

烹饪方法

木瓜去皮，去核，洗净切块；鲩鱼尾洗净，稍沥干水分。烧红油锅，放入生姜片，煎至生姜微黄，放入鲩鱼尾，煎至微黄，倒入清水5碗，武火煮沸后，改成中火煮20分钟，汤煮成奶白色，放入木瓜，煮熟，下盐调味，即可饮用。

贴士

- 木瓜性偏寒，但加适量生姜和木瓜一起煮食，就可以避免其寒性。
- 最好选购青色的母木瓜，母木瓜相对比较胖，肉薄，核少。
- 木瓜不可与海鲜、油炸食物一起吃，否则容易引起肠胃不适，严重者可能导致腹泻、呕吐等。
- 产后7天开始服食，隔天1剂，连服7~10天，可与花生章鱼猪脚汤交替服用，能促进乳汁分泌。该款汤味道鲜美可口，适合家里有相应症状的女性服用。

2.7

乳房红肿、痛，乳汁分泌不畅

方一 蛇舌草煲排骨

功效

清热解毒
消肿止痛

对症 乳腺发炎，乳房有发热、痛的感觉

材料

排骨 400 g

白花蛇舌草 50 g

蜜枣 3个

排骨

蜜枣

禁忌

白花蛇舌草药性寒凉，体质虚寒及乳房结块，但无红肿热痛的产妇不宜服食。

烹饪方法

排骨洗净、切块，放碗内加盐、适量湿淀粉拌匀；白花蛇舌草去杂、洗净、切段。锅放油烧至六成热，下排骨炒散，放入蜜枣，加清水6碗，武火煮沸后，改中火煮30分钟，放入白花蛇舌草，煮沸后改文火煮15分钟，起锅装碗即可食用。

贴士

- 服食白花蛇舌草的同时不能吃辛辣上火、生冷的食物，饮食要尽量清淡。
- 每天1剂，连服5~7天。该款汤味道有些涩味，加上蜜枣煎煮，可改善涩味。有相应症状的家人亦可服用。如果用新鲜的百花蛇舌草60 g捣烂加适量蜂蜜外敷患处，效果更佳。

方二 浙贝薏苡仁煲木瓜

功效

清热散结
开郁健脾

对症 乳腺发炎、疼痛

材料

木瓜	1个
浙贝	15 g
薏苡仁	20 g

木瓜

薏苡仁

禁忌

孕妇及便秘者忌用；滑精、小便多者不宜食用。

烹饪方法

木瓜削皮，切成方块备用。将洗净的浙贝、薏苡仁一起放入锅中，加清水5碗，武火煮沸后，改文火煮30分钟，放入木瓜，改文火煲20分钟左右，调味即可食用。

贴士

- 体虚以及体质弱的人群不宜多吃生薏苡仁，但可以吃炒薏苡仁。薏苡仁所含的糖类黏性较高，吃太多可能会消化不良。
- 每天1剂，连服7~10天。该款汤味道可口，有相应症状的家人亦可服用。若同时用新鲜的穿心莲50 g适量捣烂外敷患处，可增强消炎止痛的效果。

2.8

产后不愿意吃东西，情绪低落

方一 百合红景天鹌鹑汤

功效

安定心神
舒缓神经

对症 产后抑郁，情绪低落，看事情悲观，提不起兴趣来

材料

鹌鹑 1只

鲜百合 50 g（干百合30 g）

红景天 15 g

鲜百合

红景天

禁忌

平素大便干结难解，或腹部胀满之人忌食。

烹饪方法

鹌鹑洗净，放入沸水中烫一下，捞出备用；将红景天和百合一起洗净，百合掰成瓣，备用。将所有材料一起放入炖盅内，加清水2碗，隔水炖1.5小时，加入调料即可喝汤吃肉。

贴士

- 百合个大、肉厚、色白或淡黄色的为佳，有黑瓣、烂心或霉变的百合不要吃。
- 每天1剂，连服15天左右。该款汤味道鲜美可口，适合家人服用。

方二 合欢花鸡蛋汤

功效

解郁安神
理气开胃

对症 产后抑郁，睡眠难安，食欲不振

● 合欢花

材料

合欢花	10 g
鸡蛋	1个

禁忌

孕妇和胃肠不适的人群慎用合欢花茶。

烹饪方法

将洗净的合欢花放入锅中，加清水2碗，武火煮沸后，改文火煮10分钟，打入鸡蛋，调味即可食用。

贴士

- 合欢花干用来煮粥、泡茶，可达到治病养身之功效。
- 每天1剂，连服半个月，以配合治疗。该款汤味道可口，如果家人或朋友的情绪容易紧张，睡眠不安，亦可服用。

2.9

产后情绪焦虑，睡眠多梦

方一 二花饮

功效

镇静安神
理气健胃

对症 产后焦虑，胃胀，食欲不振

材料

素馨花	10 g
玫瑰花	6朵
冰糖	适量

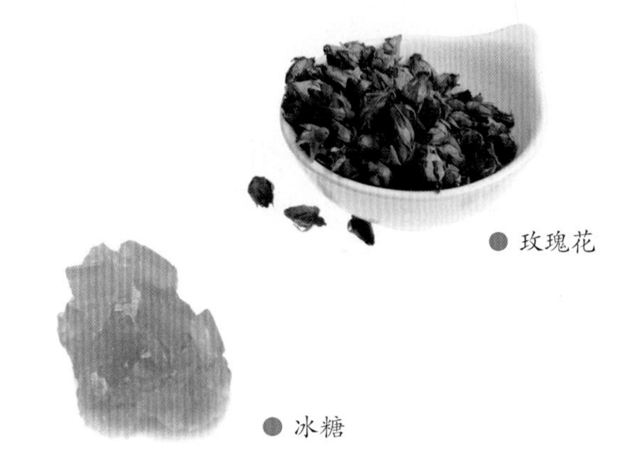

玫瑰花

冰糖

禁忌

玫瑰花不要和茶叶一起泡服，因为茶叶中含有大量鞣酸，会影响玫瑰花的药效。

烹饪方法

将洗净的素馨花和玫瑰花一起放入茶壶内，加水两碗，煮沸后再煮5分钟，取药汁，频频饮用。

贴士

- 玫瑰花的量不要太多，浸泡时间不要太长，因为玫瑰花具有一定的收敛作用，量太多或者浸泡时间太长，饮用后容易导致大便秘结。
- 作为药膳，每天1剂，连服半个月左右，也可配合其他治疗。该款茶饮味道香甜可口，家人也可服用。

方二 佛枣瘦肉汤

功效
疏肝理气
镇静安神

对症 产后精神紧张，睡眠多梦

● 酸枣仁

● 陈皮

材料

佛手瓜	50 g
猪瘦肉	250 g
酸枣仁	15 g
陈皮	15 g

烹饪方法

将洗净的佛手瓜切成大块，备用。猪瘦肉切成大块，飞水，与洗净的酸枣仁、陈皮一起放入瓦锅中，加清水5碗，武火煮沸后改文火煮1小时，再加入佛手瓜块煮至熟软，调味即可，分2~3次食用。

贴士

● 产妇出现精神紧张便可服用，每天1剂，连服7~10天。该款汤味道鲜美可口，家人亦可服用。

七、更年期篇

1 更年期综合征

2 更年期失眠

3 萎缩性阴道炎

4 绝经后骨质疏松

5 更年期憋不住尿

6 更年期健忘症

1 更年期综合征

更年期是指40~55岁近15年的时间。在这一时期，卵巢功能逐渐减退至衰竭。女性也从育龄期过渡到老年期，如果过渡不好，就可能出现相关症状，甚至会出现病变。

在40~50岁出现更年期综合征的女性朋友占70%~80%，但绝大部分的人都是很轻微的症状，她们如果将生活、工作调节好，就能够很顺利地渡过。但是有20%~30%的人症状会比较严重，这时候就需要到医院去检查。更年期的妇女卵巢功能已开始衰退，激素的减少使身体多个系统发生变化。一是血管收缩功能失调，最明显的症状是突然感觉一股燥热往脸部、颈部、胸部冲，几秒钟就消退，也常见心悸、盗汗等现象，即使在冬天也得换几次衬衣，这种症状也可能在睡觉时出现，扰人清梦，影响生活品质；二是不良情绪的改变，使人容易烦躁、多疑、焦虑、抑郁等；三是泌尿生殖系统的改变，比如月经失调、生殖器官的萎缩，以及尿频、漏尿；四是骨代谢的紊乱，容易出现关节酸痛等骨质疏松症状。

方一 百合葛根煲鸡骨架

功效

补肝益肾
宁心安神

对症 更年期情绪低落，睡眠困难

材料

材料	用量
百合	15 g
葛根	10 g
鸡骨架	1只
生姜	2片

葛根

百合

禁忌

百合性偏寒，风寒咳嗽、肚子怕凉、大便稀溏者不宜多食。

烹饪方法

将洗净的百合、葛根、鸡骨架、生姜片一起放入砂锅内，加清水5碗，武火煮沸后，加黄酒3勺，文火煮1小时，调味即可。

贴士

- 百合是药、食兼优的滋养上品，四季皆可食用，秋季食用更好；百合补气，但多吃会损伤肺气，应注意用量。
- 每天1剂，连续服用7~10天。这款汤味道鲜美。家人亦可服用。

方二 杜仲枸杞煲猪脊骨

功效

补肾安神
延缓衰老

对症 更年期心烦易怒，容易头晕或耳鸣

材料

杜仲 15 g

枸杞子 10 g

猪脊骨 250 g

● 枸杞子

● 杜仲

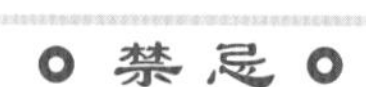

禁忌

杜仲性温，是滋补身体的助阳药材，热性体质或阴虚内热者慎食。

烹饪方法

将猪脊骨洗净，斩件，汆水，捞起备用。将洗净的杜仲、枸杞子、猪脊骨一起放入锅中，加清水6碗，以武火煮沸后，转文火煲约40分钟，加盐调味即可。

贴士

● 杜仲皮厚，块大，折断见断面丝多、内表面暗紫色者为佳品。

● 每天1剂，分2次服食，早餐或午餐后进食1次，晚上睡前1~2小时进食半碗。可连续服食15~20天。这款汤味道可口，家人亦可服用。

更年期失眠 2

人到中年，上有老下有小，工作又比较忙，家里的事情又比较多，再加上内分泌失调的影响，很容易出现睡眠障碍甚至失眠。

睡眠不好有几种情况：第一种是难入睡，就是躺在床上睡不着，越是想让自己睡着就越睡不着；第二种就是早醒，早上睡到两三点的时候就醒了，醒了就再也睡不着了；第三种也是最严重的，精神紧张等导致通宵睡不着或睡眠质量极差，时间较长，以至于影响身心健康。

其实，失眠和人们的睡眠习惯是有关的，现在大家都是上班很忙、有很多事，睡觉时人虽然是在床上，却还在思考工作上的事、学习上的事，或是听音乐、和朋友聊天，这些都是不好的习惯。上床后就不要玩手机，不要让自己处于兴奋的状态。另外，睡觉前很多人喜欢吃夜宵，吃得比较饱，中医有句话“胃不和则卧不安”，如果晚上吃得太饱，人体就需要耗费能量去处理食物，而不能得到充分休息，胃部过饱也容易让神经兴奋，这样就很难入睡了。正常的情况是定时上床，睡不着也要闭目养神，这样生物钟慢慢就会调整过来，到了那个时候就会想睡觉。我们要遵循生物钟的规律。

方一 酸枣仁山楂炖猪心

功效

养心除烦
镇静安神

对症 更年期失眠；
情绪低落，郁郁寡欢

材料

材料	用量
酸枣仁	10 g
猪心	1个
山楂	5 g

山楂

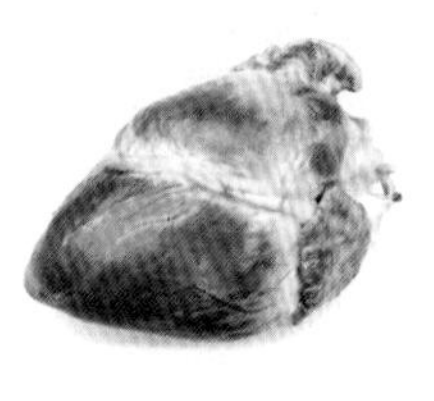

猪心

禁忌

容易暴怒、高血脂的失眠患者不宜食用。

烹饪方法

将猪心、酸枣仁、山楂洗净，把全部用料放入锅中，加清水5碗，武火煮沸后改文火煲1小时，调味即可。

贴士

- 酸枣仁可以煮粥，也可以煲汤，炒后泡茶味道也很不错；每次用量不宜太大，以6~10 g为宜。
- 每3天服食1次，连续服用7~10天。这款汤味道可口，有相应症状的家人也可服用。

方二 合欢皮川贝煲水饮

功效

养心解郁
健脾化痰

对症 容易心神不安，胡思乱想，忧郁失眠

材料

川贝	5 g
合欢皮	10 g
甘草	5 g

合欢皮

川贝

禁忌

患有胃炎的人慎服。

烹饪方法

将川贝、合欢皮、甘草洗净，放入锅中，加清水3碗，煮沸后改中火再煮20分钟，即可饮用。

贴士

- 隔天饮1次，连续服用7~10天。这款饮品可口，适合家人饮用。

3 萎缩性阴道炎

萎缩性阴道炎常见于绝经后的妇女，因卵巢功能衰退，雌激素水平降低，阴道壁萎缩，黏膜变薄，上皮细胞内糖原含量减少，阴道内pH增高。

萎缩性阴道炎属于激素不足的阴道炎，由于绝经后激素减少，对于阴道细胞的支持度不够，细胞的弹性减弱，所以就容易造成阴道细胞萎缩，患者会有阴道干涩的感觉，并出现性交困难、疼痛。在临床检查时，可以见到阴道呈老年性改变，上皮萎缩，皱襞消失，变平滑、菲薄，同时阴道黏膜充血，有小出血点，有时见浅表溃疡。若溃疡面与对侧粘连，阴道检查时粘连被分开可引起出血，粘连严重时可造成阴道狭窄。

中医认为，萎缩性阴道炎的发生和肝肾亏虚关系密切，如果平时不注意饮食，过度劳累，经常熬夜，情绪不好（忧郁、焦虑或担心、惊恐等），就可能损伤肝肾，引起肝肾功能失常，致精血亏损，肝肾阴虚。

萎缩性阴道炎要用温水清洗外阴，不要用肥皂等刺激性强的碱性清洁用品，在温开水内可以加入少许食盐或者食醋。选用宽松舒适的内裤，勤换洗。外阴不适的时候不要乱用药物。

方一 姬松茸煲猪小肚

功效

补肾益精
健脾滋养

对症 阴道干涩不适，性欲下降

● 肉苁蓉

材料

姬松茸	50 g
肉苁蓉	15 g
猪小肚	2个

烹饪方法

将猪小肚刮去内膜，去除气味，沸水洗净，与洗净的姬松茸、肉苁蓉一起放入锅中，加清水5碗，武火煮沸后，改文火煮约40分钟，放入适量胡椒调味即可。

禁忌

腰腹怕冷，身体困倦者不宜多吃。

贴士

- 姬松茸最好不要与肥肉、骨头及贝类等食物一起吃。
- 每天服食1剂，连续服食10~15天后，改为隔3天服食1次，服用3~4周。这款汤味道鲜美，家人有相应症状亦可服用。

方二 白芍女贞子煲兔肉

功效

养血柔肝
滋补肝肾

对症 阴道干燥不适；
脾气暴躁，容易口眼干燥、头晕

材料

白芍	15 g
女贞子	10 g
兔肉	250 g
生姜	3片

● 女贞子

● 白芍

禁忌

白芍性凉、微寒，外感风寒、经常腹泻者不宜食用。

烹饪方法

兔肉洗净，斩成块，放入沸水中烫一下，捞起。把兔肉与生姜片、白芍、女贞子药袋一起放入锅中，加清水6碗，武火煮沸后，改文火煲1小时，调味即可。

贴士

● 月经量多、孕妇产后不宜用量过大。

● 每天1剂，分2次服食，早上、下午各服食1次，连服15天左右。这款汤味道可口，家人亦可服用。

绝经后骨质疏松

绝经以后，人体的新陈代谢就会发生很大的变化，随着年龄的增加新陈代谢就会逐渐减慢。

现代社会大部分人都是不爱运动的，所以肠胃功能普遍不好，因而一些有利于骨代谢的营养物质不足；再加上很多人上了年纪，因为怕发胖，吃得清淡，身体所需的蛋白质、钙等元素就更难供应充足了。

首先，为了预防骨质疏松，营养的及时供给是必需的。可补充牛奶、豆浆、酸奶、鸡蛋，可以多吃一些像鹿角筋、猪脚筋等腿腱类含胶原蛋白比较多的食物。其次，一定要运动，只有运动，我们补的钙才能充分地被吸收和利用。运动通过对肌肉的挤压，对骨骼的牵拉，从而影响我们的血液循环，这时候就可以加快骨的新陈代谢，对骨的容量调节会有很大帮助。峰值骨量越高，就越不容易出现骨质疏松。骨质疏松很大程度上是因为年轻时的峰值骨量低造成的，因此努力提高峰值骨量是骨质疏松防治的重点。为此，在儿童时期蛋白质和钙的补充是非常重要的，如果骨峰值高，那么38岁以后骨质疏松的概率就会减少。

方一 狗脊煲猪骨

功效

补肝肾
强筋骨

对症 骨质疏松；
睡眠质量差

材料

狗脊 15 g

猪骨 250 g

狗脊

猪骨

禁忌

狗脊有温补的效果，阴虚内热，如有腰酸口干、小便色黄、血尿等，不宜服食。

烹饪方法

猪骨洗净斩件，放入沸水中烫一下，捞起洗净。将洗净的狗脊、猪骨一起放入锅中，加清水5碗，以武火煮沸后，转文火煲约40分钟，加盐调味即可。

贴士

- 阴虚体质的人可以将狗脊配生地黄一起吃，滋阴又不容易上火。
- 每周服食2~3次，连服3~4个月。这款汤味道可口，家人亦可服用。

方二 续断煲鸡脚

功效

补肝益肾
续筋健骨

对症 骨质疏松，腿脚不灵活，上楼梯容易累

材料

续断	10 g
鸡脚	200 g
生姜	3片
黄酒	适量

鸡脚

续断

禁忌

大便稀烂，容易动怒、发脾气者禁用。

烹饪方法

将鸡脚洗净、去衣。将洗净的续断、鸡脚、生姜片一起放入砂锅内，加清水5碗，武火煮沸后，加黄酒3勺，文火煮1小时，调味即可。

贴士

- 续断具有补肝肾、强筋活络的效果，对身体有很强的补益作用，如果用量太大或多服，可能会引起皮肤过敏不适。
- 隔天服食1次，连续服食1~2个月。这款汤味道可口，家人亦可服用。

5 更年期憋不住尿

憋不住尿又叫张力性尿失禁，更年期的妇女因为膀胱的肌肉松弛张力不够，憋不住尿。

有些人咳嗽或是打喷嚏时，因为腹腔内压力突然增加，尿湿内裤，或者是尿急，本来是三四个小时才会去小便的，现在有一点点尿就需要赶紧去厕所。

预防张力性尿失禁：第一，要注意不要憋尿太久。很多时候工作忙了就把尿憋着，往往憋到一定程度，好像没有尿急感了，但再急的时候就忍不住了，而且憋的时间太长，膀胱就会越来越松，到最后就忍不住尿了，所以一定不要憋尿。第二，要时刻关注自己是否存在肾虚的症状，如果出现头晕、腰酸、膝软、尿频就要及时补肾，不要等到真的憋不住尿才开始引起注意。第三，有些妇女因为产伤，损伤了盆底组织，韧带松弛了，就会憋不住尿。这一类人需要及早补气，喝一些补气的汤药，比如党参北芪汤等，有很好的作用。

方一 金樱子煲猪小肚

功效

补肾固精
缩尿止带

对症 更年期憋不住尿；
白带多

材料

金樱子	10 g
猪小肚	2个

● 金樱子

禁忌

口苦上火，舌唇溃疡，多梦，尿黄，大便干燥者禁食。

烹饪方法

将猪小肚刮去内膜，去除气味，用沸水洗净，与洗净的金樱子一起放入锅中，加清水5碗，武火煮沸后，改文火煮约1小时。放入适量胡椒，调味后喝汤吃肉。

贴士

● 金樱子单用熬膏服，或与菟丝子同煎饮用，对肾虚精关不固男士的遗精、滑精也有很好的治疗效果。

● 每天服食1次，连服10~15天后改每周2次（隔3天1次），再服2个月。这款汤味稍带涩，可加2~3个蜜枣改善口味。家人夜尿多亦可服用。

方二 龙虱猪小肚汤

功效
补肾活血
滋养缩尿

对症 肾亏腰痛，憋不住尿，遗尿

材料

龙虱	30 g
猪小肚	2个

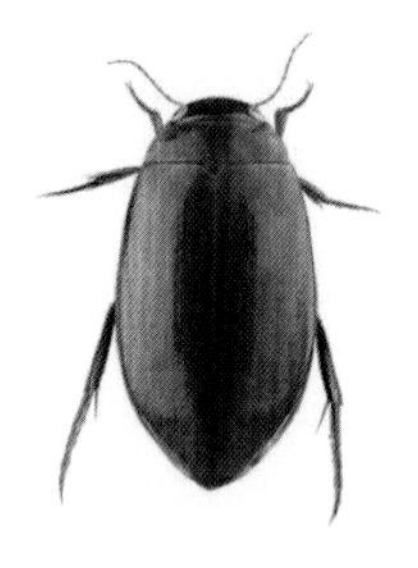

● 龙虱

禁忌

任何人都可以吃，无禁忌。

烹饪方法

将猪小肚刮去内膜，去除气味，沸水洗净，与洗净的龙虱一起放入锅中，加清水5碗，武火煮沸后，改文火煮约1小时，放入适量胡椒，调味后喝汤吃肉。

贴士

- 龙虱味道鲜美，营养丰富，被称为“水中人参”，多吃亦可除面上黝黑之气。
- 每天1剂，连续服食1~2个月。这款汤味道可口，家人亦可服用。

更年期健忘症 6

更年期健忘也是更年期女性常见的现象，目前更年期出现健忘现象的女性人数占总数的58%左右。

更年期健忘症给很多女性的正常生活和工作带来了麻烦，也影响了她们原本正常的人际关系。健忘和肾亏是有一定关系的，老是丢三落四，记不起来事情，还跟大脑的记忆功能有关。一旦发现自己有这样的情况，就要开始补肾了，不要等到严重影响生活甚至工作才想起来调理。平时如果能经常吃核桃是最好的，从“以形补形”的角度来讲，核桃肉的样子和大脑的样子非常相似，同时，核桃中含有大量化学结构非常特殊的优质脂肪和蛋白质。这些脂肪和蛋白质极易被人体吸收。据测定，0.5千克核桃仁相当于2.5千克鸡蛋、4.5千克牛奶或1.5千克猪肉的营养价值，蛋白质中含有对人体极为重要的赖氨酸，脂肪中含有丰富的磷脂，这些物质对大脑神经的代谢极为有益。所以经常吃核桃对预防肾虚和提高记忆能力有重要作用。另外，现在市面上有一些用核桃做成的小点心、小零食也是建议食用的，随身放在包里，每天吃一点，坚持就会有帮助。

方一 核桃益智仁炖猪脑

功效
温脾暖肾
益智补脑

对症 肾虚所致的头晕耳鸣，记忆力下降

材料

核桃	10 g
益智仁	10 g
猪脑	100 g
生姜	2片

禁忌

高脂血症、冠心病、高血压或动脉硬化所致的头晕头痛者不宜食用。

● 核桃

● 猪脑

烹饪方法

将猪脑洗净，去血膜（托起猪脑，用牙签贴紧猪脑表面，轻轻捻牙签，旋转，利用牙签上的小毛刺勾住包裹猪脑的红血筋，将血筋剥离）。烧红油锅，放入生姜片，爆炒，放进猪脑，煎至两面微黄，倒入清水3碗，将洗净的核桃、益智仁一起放入锅中，武火煮沸后改文火煮30分钟，待汤成牛奶状，调味即可。

贴士

● 做汤的猪脑，若不能完全去除血筋及血沫，则做出来的汤色不清澈。

● 每天服食1次，连续服食5~7天。这款汤味道鲜美，有以上不适表现的家人或朋友都可服用。

方二 山萸肉川芎炖鱼头

功效
补肝益肾
活血顺气

对症 头痛头晕；
失眠健忘

材料

山萸肉	10 g
川芎	5 g
鱼头1个（大鱼头半个）	
生姜	2片

禁忌

川芎性温，如因虚火上炎引起的发热、口干，以及眼睛发红、呕吐、咳嗽、心烦容易发怒、盗汗、口气异味者不宜服食。

鱼头

烹饪方法

鱼头洗净，去除鱼鳃内污物。烧红油锅，放入生姜片，爆炒至微黄，放进洗干净的鱼头煎至微黄，倒入清水6碗，煮至鱼头汤呈奶白色，放入山萸肉、川芎再煮30分钟，调味，喝汤吃鱼头。

贴士

- 用川芎3克，绿茶叶、杭白菊各5克，冲水代茶，可以改善偏头痛伴眼睛胀涩不适等症。
- 隔2~3天服食1次，连续服食5~7天。这款汤味道可口，家人有以上不适表现者亦可服用。

八、妇科篇

1 阴道炎症
2 宫颈炎症
3 盆腔炎
4 子宫内膜异位症
5 多囊卵巢综合征
6 卵巢功能减退症
7 卵巢早衰
8 乳腺增生

1 阴道炎症

阴道炎，是女人的痛苦，这种心酸只有遭受过阴道炎折磨的人才懂，反反复复真的会搞得人精神崩溃。更是担惊受怕，担心房事后复发，担心月经后复发，感觉整个日子都是灰色的。

当女性出现阴道炎症状时，多已经感染1~2个月了。因细菌引起的阴道炎分泌物会增多、变黄稠，严重时有异味，此时一定要多注意卫生，可以用淡盐水洗，不要过度依赖洗剂，洗剂频繁使用会导致阴道酸碱失衡，使阴道失去保护，细菌将会更容易进入。另外，对于房事后复发的女性，一定要注意让伴侣配合自己一起来治疗，因为男性生殖器对于这些细菌感染不会表现出明显症状，但会成为诱发女性阴道炎反复发作的一个重要原因。

萎缩性阴道炎多发于更年期妇女、卵巢早衰和绝经后妇女，因为激素分泌不足、阴道上皮细胞萎缩、细胞代谢活动减慢、阴道自洁度下降，引起抵抗力不足，从而引发阴道炎。阴道检查的时候可见阴道内黏膜发红，阴道黏膜变薄，会有点状出血，甚至有接触性出血，阴道弹性下降，此时女性会感到阴道干燥且伴有疼痛；合并感染时有很多分泌物，颜色发黄，质黏稠，有些患者会闻到分泌物有臭味。

方一 土茯苓银花藤瘦肉汤

功效

清热解毒
利湿止痛

对症 阴道炎，小便有发热感

材料

土茯苓 30 g

金银花 15 g

猪瘦肉 100 g

● 土茯苓

● 金银花

禁忌

虚寒体质或容易风寒感冒的人不宜食用；月经期内尽量少用。

烹饪方法

将土茯苓、金银花分别用清水洗净，放入锅中，加水5碗，武火煮沸后，改用小火煮30分钟，去渣留汁。把猪瘦肉洗净切片，加入汤汁中煮熟，调味即可。

贴士

- 金银花药性偏寒，不适合长期饮用，一般连续服用不宜超过一周。隔夜后的金银花不宜再饮用。
- 每天服食1次，连服食5~7天。该款汤味道可口，家人亦可服用。

方二 黄花菜马齿苋汤

功效
清热解毒

对症 阴道炎；
眼睛发红甚至肿痛

材料

马齿苋	30 g
黄花菜	30 g

禁忌

新鲜的黄花菜里含有秋水仙碱，在人体内由秋水仙碱转化为二氧秋水仙碱而使人中毒。孕妇最好别吃。

● 黄花菜

● 马齿苋

烹饪方法

将马齿苋、黄花菜分别洗净，放入锅中，加水4碗，用中火煮30分钟，取汁代茶饮用。

贴士

● 马齿苋有一股酸酸滑滑的味道，吃起来不那么顺口，放入沸水中烫一下再用凉水冲洗后口感会好一些。

● 每天1剂，连续服食5~7天。该款饮品味道微酸可口，家人亦可服用。

宫颈炎症 2

宫颈炎症就是子宫颈的部位发炎。引起急性宫颈炎常见的病原体有支原体、衣原体、淋病奈瑟菌等，可以见到黄色、黏稠甚至伴有臭味的分泌物流出。医生检查可见患者宫颈糜烂、潮红，但患者不会有疼痛感，分泌物多，会有接触性出血，严重的话会引起不孕或导致宫颈癌。轻度的宫颈炎不需要治疗，只有中度、重度的才需要去医院接受治疗。积极地进行食疗和定期体检非常有必要。

在流产手术后、分娩后、月经期、有炎症时，都需要禁止性生活，因为这时妇女的身体抵抗力下降，很容易被细菌感染。患有炎症应该及时去医院检查并积极治疗。暂时没有生育计划的女性在性生活中要做好可靠的避孕措施，因为过多进行人流手术，会导致子宫受损，大大增加患妇科炎症的概率。女性要勤换洗内裤，尽量选择棉质的内裤，而且内裤晒干后才能穿，以预防各种致病菌繁殖。女性要注意个人卫生，保持阴部干净，不要用洗涤剂过度清洗阴部，每天用清水冲洗即可。在经期、分娩后、患有炎症时，不要盆浴或坐浴，只能淋浴。过早进行性生活和有多个性伴侣都是宫颈癌发病的直接高危因素，所以要注意性生活频率，注意个人卫生。

方一 马齿苋鸡蛋汤

功效
清热解毒

对症 宫颈炎症，阴道黄稠分泌物量多

材料

马齿苋	30 g
鸡蛋	2个

禁忌

马齿苋性寒凉，脾胃虚弱或者是拉肚子者以及孕妇最好不要服用。

烹饪方法

将马齿苋洗净，捣烂取汁。将马齿苋汁倒进锅中，加清水2碗，武火煮沸后改中火，将鸡蛋打入药汁中，煮熟，调味即成。

贴士

- 在烫马齿苋的水中添加少许油和盐，可以让马齿苋保持翠绿的颜色及清脆的口感。
- 每天1剂，连续服食5~7天。该款汤味道可口，家人亦可服用。

方二 薏苡仁淮山瘦肉汤

功效

健脾
祛湿
止带

对症 宫颈炎

材料

猪瘦肉 100 g

薏苡仁 15 g

鲜淮山 15 g

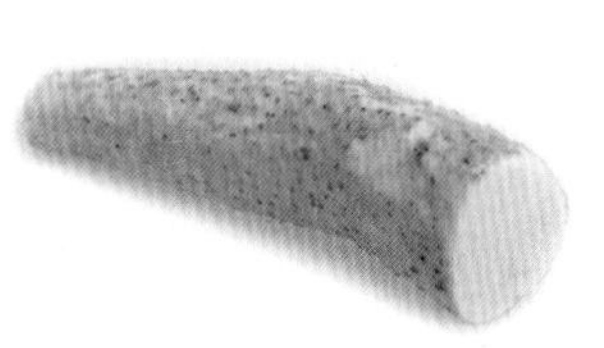

鲜淮山

薏苡仁

烹饪方法

将薏苡仁、猪瘦肉洗净。将淮山去皮洗净，切成段，与以上食材一起放入锅中，加清水5碗，武火煮沸后，改小火煲1小时，调味食用。

禁忌

孕早期的妇女忌食。

贴士

- 淮山不要与猪肝同吃，会降低淮山的营养价值。
- 每天服食1次，连续服食15天左右。白带明显减少后改为隔天服食1次，继续服食1周。该款汤味道可口，家人亦可服用。

3 盆腔炎

慢性盆腔炎的症状大多不明显，太多表现为下腹隐痛、腰部酸胀，有时仅有低热，易感疲倦、精神不振、失眠等，所以，常被患者忽视。

盆腔炎症反复发作，或病程较长，均易造成盆腔内组织和器官（如子宫、输卵管、卵巢及子宫周围韧带等）形成瘢痕、粘连，以及盆腔充血，在劳累、性交后及月经前后出现腰酸、肚子疼等症状。盆腔炎早期因子宫内膜充血及溃疡，可伴有月经量多、经期时间延长的现象。而当情况严重时，因为子宫内膜已遭受不同程度破坏，则会月经稀少或闭经。更严重的，子宫腔粘连、输卵管堵塞等情况会导致不孕和宫外孕。

方一 毛冬青木棉花瘦肉汤

功效

利湿
化瘀
止痛

对症 经常肚子痛的盆腔炎

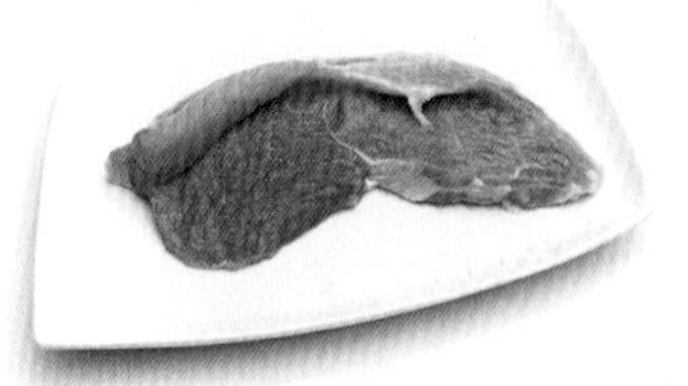
● 猪瘦肉

● 陈皮

材料

材料	用量
猪瘦肉	300 g
毛冬青	15 g
木棉花	25 g
陈皮	15 g

烹饪方法

猪瘦肉洗净、切块、汆水，与洗净的毛冬青、木棉花、陈皮一起放入锅中，加清水6碗，武火煮沸后，改文火煮40分钟，调入盐即可食用。

禁忌

有痔疮、胃溃疡、慢性出血倾向的人群不宜食用；孕妇和女性经期也不能饮用。

贴士

- 若盆腔炎症较重，毛冬青的剂量可以加大一些，每次20~30 g。
- 选择花朵大且完整的木棉花，颜色棕黄色的是最好的品种。
- 每天服食1剂，分2次服完，连续服食10~15天。如肚子不痛了，改隔天服1次，再服1周。该款汤味道可口，家人亦可服用。

方二 莲子茅根炖土鸡

功效

清热利湿
健脾止带

对症 常有小便热痛的盆腔炎

材料

莲子	30 g
茅根	10 g
土鸡	1只

● 莲子

● 茅根

禁忌

不爱喝水，排汗或小便较多者不宜服用。

烹饪方法

将莲子、茅根洗净备用；将土鸡肉洗净，切大块，入沸水中汆烫，去血水。把全部材料一起放入炖盅内，加开水2碗，炖盅加盖，隔水炖1小时，加盐调味即可。

贴士

- 用新鲜茅根放入口中咀嚼可以除口臭、解酒。
- 每天1剂，分2~3次服完，连续服食5~7天。该款汤味道清淡甘醇，适合全家服用。

子宫内膜异位症 4

子宫内膜异位症是指原本应该覆盖于子宫腔表面的子宫内膜生长异位，生长到了子宫腔以外的部位。

正常情况下，子宫内膜会在月经期间脱落，随血流出体外，如果内膜细胞停留在子宫腔以外的地方，就无法完成周期性代谢，于是堆积在那里，加上有时也会出现因特殊情况倒流的血液淤积，淤积越来越多，最后形成包块或结节。而由于淤血的堆积，子宫内膜异位症患者痛经的程度会越来越严重，呈阶段性递增。子宫内膜异位症患者多数月经量多，经期长；如果内膜细胞生长在子宫直肠窝、阴道直肠隔中，则会导致性交疼痛；在月经前后期，排粪便时也有疼痛感；严重的则会导致不孕。

子宫内膜异位症患者应注意月经后一周最好不要进行妇科检查和手术，另外月经期间不要行房事，因为房事后子宫收缩，经血容易倒流，最后要保持心情舒畅，及时排解压力。

方一 赤芍鲜菇炖泥鳅

功效

活血化瘀
健脾扶正

对症 子宫内膜异位症，唇色发暗、发紫

材料

赤芍	10 g
鲜菇	100 g
泥鳅	200 g

禁忌

血虚体质，平时容易大便稀烂的妇女不宜食用。

● 泥鳅

烹饪方法

泥鳅放入锅中，放入适量精盐，洗净黏液，去除内脏，与洗净的赤芍、鲜菇一起放入炖盅内，加开水3碗，炖盅加盖，隔水炖1小时，加盐调味即可。

贴士

● 泥鳅身体较小又很滑，难以洗干净，将其放入已稀释的盐水中浸泡20分钟，可以去除泥鳅身上的脏东西和黏液。

● 平时隔天服食1次，逢月经来潮前3天至月经干净，每天1剂，连续服食3个月经周期。该款汤味鲜可口，家人亦可服用。

方二 木香红花鲫鱼汤

功效

行气止痛
活血化瘀

对症 痛经，腰腹胀痛

材料

木香	5 g
川红花	5 g
鲫鱼	1条
生姜	5片

木香

川红花

禁忌

川红花活血作用比较强，孕妇不可食用。

烹饪方法

鲫鱼去鳞，去内脏，洗净，备用。烧红油锅，放入生姜，爆炒至微黄，放入鲫鱼，煎至微黄，放入清水5碗，武火煮至汤发白，放入川红花，改文火煲30分钟，放入木香煲5分钟，调味即可。

贴士

- 木香属于芳香类药物，为了保证药效，请一定在起锅前5分钟再放入汤里。
- 月经来潮前3~5天开始服食，至月经干净，可连续服食3个月经周期。该款汤味道可口，有相应症状的家人亦可饮用。

5 多囊卵巢综合征

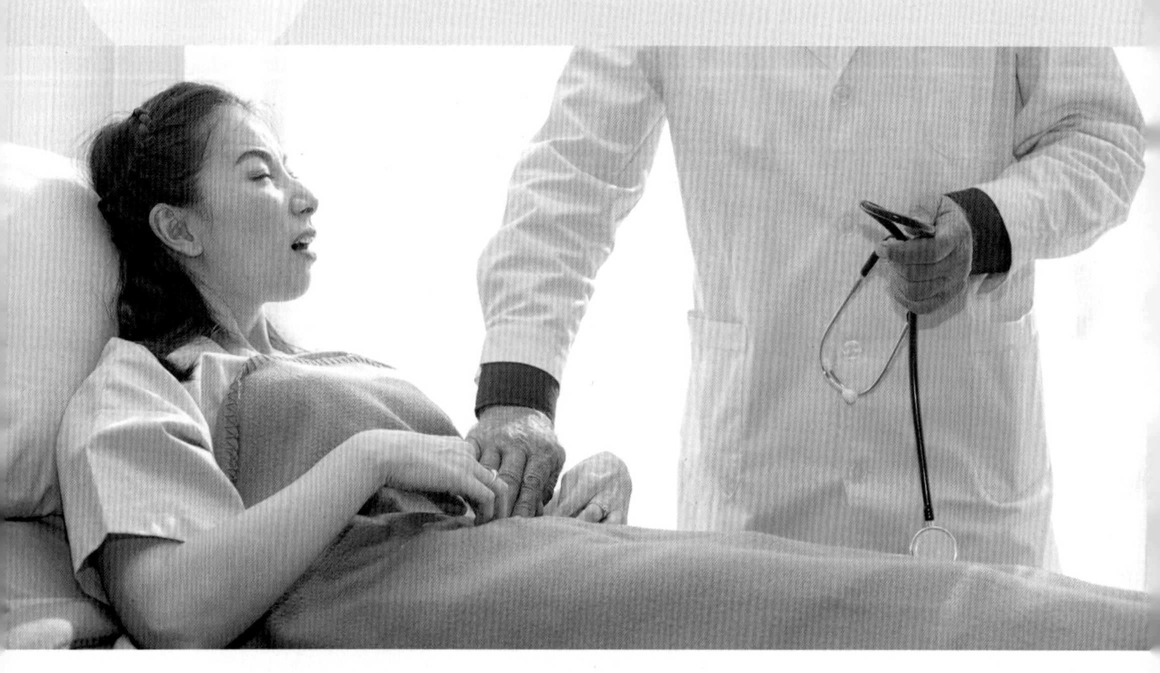

多囊卵巢综合征是指卵巢有很多囊状的改变。多囊卵巢综合征是一种生殖功能障碍与糖代谢异常并存的内分泌紊乱综合征，是继输卵管疾病的第二大不孕症常见病因。

正常情况下，卵巢内有很多个小卵泡，通常每月女性会有1~2个卵子发育成熟并排出，这样成熟的卵子在排卵期与精子结合才会怀孕，但多囊卵巢综合征患者的卵巢里有很多小卵泡，这些小卵泡长不大，甚至形成项链状。多囊卵巢综合征的妇女激素代谢紊乱，常常月经不调，如月经周期推后、月经时间延长、月经量少或闭经等，肥胖、不孕，眉毛、唇毛、阴毛会比较茂盛。

多囊卵巢综合征是一种生殖功能障碍与糖代谢异常并存的内分泌紊乱综合征疾病，对妇女的身心健康影响极大。有卵巢排卵障碍者一般不容易自然怀孕；一旦妊娠，妊娠高血压综合征和妊娠糖尿病的风险会明显增加；另外，多囊卵巢综合征患者在患病30年后，高血压发病率将比正常女性高8倍，糖尿病发病率将增加6倍，子宫内膜癌与乳腺癌发病率将高2倍。

方一 肉桂苍术饮

功效

补阳暖胃
化痰调经

对症 多囊卵巢综合征；
痰多，肚子发凉

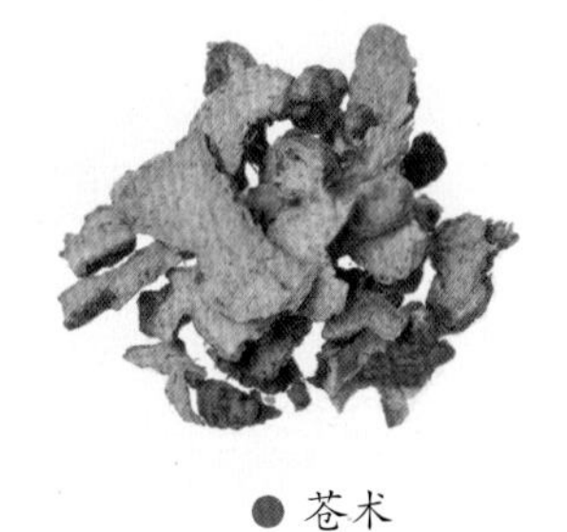

● 苍术

● 肉桂

○ 材料 ○

肉桂	1 g
苍术	10 g

○ 禁忌 ○

孕妇慎用。

○ 烹饪方法 ○

将肉桂、苍术放入保温杯中，倒入沸水，盖上盖子焖10~15分钟，代茶频频饮用。

○ 贴士 ○

- 最好将药材稍微砸碎，用泡茶袋封装，这样喝起来比较方便。
- 每天服食1剂，至肚子发凉感觉消失。该款饮品可口，有相应症状的家人亦可饮用。

方二 浙贝鸡内金煲猪肚

功效

消食化痰
减肥调经

对症 多囊卵巢综合征，体型肥胖，消化不良

材料

浙贝	13 g
鸡内金	15 g
猪肚	3个

鸡内金

禁忌

痰多，以夜间为甚，脾胃虚寒者及孕妇慎服。

烹饪方法

将猪肚刮去内膜，去除气味，沸水洗净，与洗净的浙贝、鸡内金一起放入锅中，加水5碗，武火煮沸后，改文火煮约2小时，放入适量胡椒，调味后喝汤吃肉。

贴士

- 鸡内金有些气味，可加少量冰糖调味，但糖的用量不宜过大，以免影响效果；鸡内金研粉服用也是保证药效的服用方法。
- 每天1剂，连续服食1~2个月。该款汤非常可口，适合家人饮用。

卵巢功能减退症 6

卵巢不仅是女性的重要生殖器官，也是影响女性身体健康的重要生殖内分泌器官之一，卵巢就像女性体内的一座“小花园”。

卵巢在女性小时候就已成形，里面藏着许许多多颗“种子”（初始卵泡），随着身体的长大，“种子”也慢慢长大，“种子”靠什么生长呢？“花园”周围的环境——女性身体内部的环境很重要，就像真正的“花园”，如果没有适宜的气候，“种子”是无法茁壮成长的。所以，只有女性健康才能保证“种子”质量好。另外，还需要给“花园”定期施肥，周期分泌的性激素就相当于肥料。

卵巢功能减退和卵巢早衰只是程度不同。卵巢功能减退症分为几个阶段，一般女性进入35岁后，卵泡储备的功能就下降了；过了40岁，卵巢功能下降；46~49岁，卵巢便已衰退。如果育龄期的妇女，在二十多岁、三十多岁的时候，卵巢功能就下降，这便说明你的卵巢功能未老先衰了。这类妇女会出现月经不调，比如闭经或者月经推迟，而且容颜看起来容易衰老，比如三十多岁的年龄看起来像四五十岁一样；这种妇女的性功能也会下降，甚至会影响夫妻生活。

方一 肉苁蓉煲鸡生肠

功效

补肾益精 驱寒调经

对症 月经不调，畏寒怕冷，冬季手脚冰凉

材料

肉苁蓉	10 g
鸡生肠	200 g

● 肉苁蓉

禁忌

大便不成形，经常腹泻者不要服用，同时忌用铁器。

烹饪方法

鸡生肠洗净，切成小段。把洗净的肉苁蓉和鸡生肠一起放入砂锅内，加清水3碗，武火煮沸后，改文火煮40分钟，调味即可。

贴士

● 鸡生肠就是鸡生蛋的肠子，在菜市场就能买到。如果感觉鸡生肠还是不够干净，就再放点淀粉搓洗几遍，直到把滑滑的黏液都清洗干净，最后再用清水把鸡生肠冲洗干净。

● 隔3天服食1次，可连续服用2~3个月。该款汤味道可口，家人亦可服食。

方二 巴戟熟地炖土鸡

功效

补肾壮阳
填精补血

对症 月经量少，腰痛；
睡眠质量差，身体虚弱

材料

巴戟天	10 g
熟地黄	15 g
土鸡	1只
生姜	3片

禁忌

小便少黄，口苦，目赤目痛，烦躁口渴，大便燥秘，阴虚火旺者禁服。

熟地黄

巴戟天

烹饪方法

土鸡去内脏，洗净；生姜削皮，切片，洗净备用。将洗净的巴戟天、熟地黄、生姜和土鸡一起放入砂锅中，加清水6碗，武火煮沸后，改文火煮2小时，调味后即可喝汤吃肉。

贴士

- 巴戟天为“补肾要剂”，能补肾壮阳。女子患有宫冷不孕可用巴戟天炖羊胎盘；男子出现阳痿也可用巴戟天炖羊鞭或牛鞭。
- 肾阳亏虚，腰痛明显者，可每天服食1次，连续服用15~20天。如果肾虚，伴腰酸、头晕、耳鸣，建议隔2~3天服食1次，可连续服用10~15天。该款汤美味可口，家人亦可服食。

7 卵巢早衰

女性四十岁前出现月经延后两个月以上，而且出现生殖内分泌功能的衰竭，可以去医院检查是不是患有卵巢早衰。

卵巢早衰是典型的未老先衰，现在我们在医院会见到很多二十多岁、三十多岁卵巢早衰的患者，这样的年龄为什么会出现卵巢早衰呢？除部分发病与遗传有关外，大部分均与手术创伤、辅助生殖的过度取卵等有关。有些人为了做试管婴儿一次又一次地取卵，甚至有一些做了六七次试管婴儿，每次要促排卵，把卵取到快枯竭了。本来人体排卵是有规律的，一般每个月排卵1~2个，但做试管婴儿需要促排卵，促排卵一般在10个卵泡以上，而多次的促排卵可能会导致排出的卵泡质量不好，不符合试管婴儿的要求。所以如果要做试管婴儿，也要同时注意对卵巢的保养，需要促排卵的女性往往容易肾虚，一次次地促排卵，身体就容易被掏空。

好多卵巢早衰的患者三十多岁看起来却像五十多岁。这样的患者用再多化妆品也不如调理自己的身体有用，而很多靓汤在这方面的效果还是非常显著的。

方一 锁阳羊肉汤

功效

补肾阳
益精血

对症 卵巢早衰，怕冷，四肢冰冷

材料

锁阳	10 g
羊肉	250 g
生姜	15 g
当归	10 g

● 当归

禁忌

阴虚火旺并大便干燥、脾虚泄泻者禁服。

烹饪方法

羊肉洗净切块，放入沸水中烫一下，捞出备用；锁阳、当归、生姜洗净，备用。将上述材料放入锅中，加清水8碗，武火煮沸后，改用小火慢慢炖煮至软烂加盐调味即可。

贴士

● 服食锁阳期间，尽量不要熬夜，少吃辛辣刺激的食物。

● 秋冬季节可每天服食1次，连续服用1个月；属于肾阳虚的卵巢早衰者在春夏两季可隔3天服食1次，连服3~4周。该款汤味道可口，有相应症状的家人亦可服食。

方二 松茸鸽蛋鲍鱼汤

功效

补肾壮阳
保养卵巢

对症 卵巢早衰，面容苍老

材料

鸽蛋	9个
松茸	9片
鲍鱼	2只
生姜	5片

生姜

鲍鱼

禁忌

阴虚火旺见口咽干燥、咽痛、牙痛、潮热盗汗、失眠多梦、小便黄短、大便秘结者禁食。

烹饪方法

松茸用流水冲洗干净，用冷水泡发至软。将洗净的鸽蛋和泡好的松茸、生姜片放入锅中，加入清水至没过上述材料约5厘米，武火煮开后，改小火煲1小时，再放入鲍鱼煲30分钟，调味即可。

贴士

- 在泡发松茸时，水不用多，刚刚没过即可，泡过的水可以一并放入汤里。
- 隔天服食1次，可连服2~3个月。该款汤味鲜可口，家人亦可服食。

乳腺增生 

乳腺增生的早期自我发现很重要，乳腺增生者最开始会在月经来临之前几天乳房胀痛，这时候就要注意调整了。

最常见的乳腺增生症状是双侧或单侧的乳房胀痛、刺痛，而两侧疼痛的程度不一定一致。疼痛严重者可能一碰就疼痛难忍。乳腺增生者可以摸到乳房处有一些大小不一的条状或片状的肿块，疼痛程度会随着月经周期而变化。同时，这样的患者多数月经失调，经量较多，胸闷嗳气，精神抑郁，心烦易怒。所以，患有乳腺增生者要保持乐观、平和的心态，避免不良情绪刺激，适时释放工作和家庭压力；明确乳腺增生并不是癌，放下思想包袱。中医认为，情绪和思想的变化对于乳腺增生的康复有非常重要的影响，所以处理好自己的情绪是非常重要的。同时还要注意优化饮食结构，少油脂饮食，以免增加脾胃的负担和增加肝脏解毒的工作量；在临床中发现，不少乳腺癌患者在发病之前都曾经服用过一些号称“永葆青春”的保健品，这些保健品中如果含有大量的激素类物质，可能会加重乳腺疾病。平时可以多做按摩、热敷等物理治疗，按时自查乳房，定期到正规医院进行检查。

方一 佛手远志猪肝汤

功效

理气
安神
调经

对症 月经来临前乳房胀痛加剧，容易发脾气

材料

远志	10 g
佛手片	10 g
猪肝	150 g
生姜	3片

● 远志

● 佛手片

禁忌

心肾有火，阴虚阳亢者忌服。

烹饪方法

猪肝洗净切片，加姜末、盐等拌匀，略腌片刻，备用。将洗净的远志、佛手片置砂锅中，加清水3碗，煮沸约20分钟后，去渣取汁；将腌好的猪肝放入煮沸的药汁中，煮熟，调味后即可食用。

贴士

● 将佛手和香附250 g，放入锅内慢火炒热，装进布袋内；或将装进布袋的香附放进微波炉内加热3分钟，然后温热敷乳房患处10分钟，注意掌握温度不要烫伤，一般温度40~43℃为宜。此法可以治乳房胀痛。

● 月经前5天开始每天服食，每天1次，连服至月经来潮时3~5天可停服。该款汤味道可口，家中女性亦可服用。

方二 春砂仁鸡肉汤

功效

理气疏肝
健脾和胃

对症 乳腺增生，食欲较差，食后腹胀

材料

春砂仁	6 g
鸡肉	100 g
生姜	3片

● 春砂仁

● 鸡肉

禁忌

凡阴虚有热、腹痛发热、妇女妊娠有热者禁用春砂仁。

烹饪方法

将洗净的鸡肉切成小块,与生姜一起放入瓦煲，加清水3碗，武火煮沸后，改文火煲30分钟，放入春砂仁，煮沸5分钟，下精盐调味便可。

贴士

● 春砂仁以阳江出产的为最佳。

● 每天服食1次，连服7~10天，然后改用春砂仁5g，泡茶频频饮用30天左右，以巩固效果。该款汤味道可口，家人胃口不好，吃完东西容易腹胀者亦可服用。

方三 预知子夜交藤鸡蛋汤

功效
疏肝理气
宁心安神

对症 乳腺增生，睡眠多梦

材料

预知子	10 g
夜交藤	15 g
鸡蛋	2个

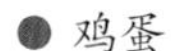

鸡蛋

预知子

禁忌

有服夜交藤致过敏反应的报道。患者可见全身皮肤发疹，或皮肤刺痛发痒，恶寒发热。

烹饪方法

将预知子和夜交藤洗净，与带壳的鸡蛋一起放入锅中，加水3碗，武火煮沸后改中火，煮至鸡蛋熟，捞起鸡蛋，去蛋壳后再放入锅中煮10分钟，调味即可服食。

贴士

- 月经来潮前3天开始服食，每天1剂，连服7天。若睡眠多梦明显，可连续服食2周。这款汤有些涩味。家人情绪容易激动、睡眠不好的亦可服用。

方四 二芍扁豆饮

功效

疏肝理气
健脾止痛

对症 乳腺增生，餐后腹部隐痛，伴大便稀烂

● 白芍

● 扁豆

材料

白芍	5 g
赤芍	10 g
扁豆	25 g
陈皮	10片

烹饪方法

将洗净的白芍、赤芍、扁豆与陈皮一起放入煲中，加水4碗，武火煮沸后改文火煮40分钟，调味即可，取药汁频频饮用。

贴士

● 每天1剂，连服7天为1个疗程，可连续服食2~3个疗程。这款汤味道可口，家人亦可服用。